Ⓢ新潮新書

桜林美佐
SAKURABAYASHI Misa

軍産複合体

自衛隊と防衛産業のリアル

JN152670

1059

新潮社

軍産複合体　自衛隊と防衛産業のリアル――目次

第1章　軍産複合体は国防の基盤である

ピント外れの議論ばかり

最近、にわかに「防衛産業」に対する関心が高まっています。多くの人がそんな言葉さえ口にしなかった十数年前からこの問題に取り組んでいた私としては、何とも複雑な心境になります。というのは、防衛産業に関する論考の多くが、どうも現実からかけ離れているように見えるからです。どこか日本を描いた海外制作のドキュメンタリー番組を観ているような違和感が拭えないのです。

とはいえ、防衛産業について書いた私の本はどうかと言えば、中身はリアルな現実を書いてきた自負はあるものの、大ヒットするほど売れたわけでもありません。これはどうしてなのか。出版社の人からはよく、防衛産業に関心を持つ人がいない、つまり市場がない、と言われてきましたが、やはり詰まるところ「面白くない」ということが最大の原因であることに、段々気が付いてきました。これから本書の中でお伝えしていくように、防衛産業は厳しい現状にありますが、かといって「防衛産業の継続が危ない」とか「このままでは風前の灯火だ」とか、そんな話ばかりでは気が滅入るのは当たり前です。書いている私が盛り上がらなければ、読んでいる皆さんが楽しいはずはありません。

やはり何ごとも前向きな姿勢で取り組まなければ、よい循環は生まれてきません。その意味で、防衛産業や日本の防衛論議にも、もっと心が躍動するようなことが必要なのではないでしょうか。

必要な日本版の「軍産複合体」

そんなことを考えていた折、「軍産複合体」というキーワードを使って日本の防衛産業を論じて欲しい、との提案を受けました。防衛産業は国防の基礎であるが、その基礎が大きく揺らいでしまっている。もう一度、軍と産業がしっかりと手を結び直し、隙の無い国防の基盤を作るべき時に来ているのではないか。その意味で今、軍産複合体と呼ぶべきものが必要とされているのではないか、と。

提案を頂いて一瞬、「そんな言葉は使えるわけがない！」とたじろぎました。防衛問題を取材していると、センシティブな言葉で議論が紛糾してしまう場面によく出会います。かつてなら「武器輸出」とか「非核3原則」とか、ちょっと前なら「集団的自衛権」とか。そうした言葉が出てくると、防衛問題は容易にイデオロギー論争に転じ、感情的な言葉の応酬だけが繰り返されることになります。だから、言葉の扱い方には、かなり注意が必要です。

しかし一方で、多少は大げさな言葉を使わないと、防衛産業の現状に誰も耳を傾けてくれないかもしれない、とも思いました。それに、よく考えれば、「軍産複合体」という言葉は、これから日本が目指すべき方向性を正しく表現しているものとも言えます。

世で言われる「軍産複合体」(military industrial complex) とは「政府、軍、企業による政治・経済的な連合体」というのが一般的な説明です。1961年にアイゼンハワー大統領が演説の中でこの言葉を使い「政府の委員会で不当な影響力を獲得させないようにしなければならない」「この結合の力がわれわれの自由あるいは民主主義のプロセスを危険にさらすことを決して許してはならない」などと語ったことでその存在が広く認識されることになりました。そうした経緯から、この言葉にはとかく「軍と企業の癒着」といった、悪の温床としてのイメージが染み込んでいます。

しかし、よく考えてみると、政府や軍そして企業が国のために協力することは悪いことなのでしょうか？　そんなはずはありません。わが国の場合はむしろ、そのような形を目指すことこそが、弱くなった防衛基盤を回復させることに繋がるのではないでしょうか。

帝国陸海軍がかつて持っていた「工廠」がなくなり、現在は自衛隊の武器や装備の製造やメンテナンスは民間企業に担ってもらう構造になっていますが、両者を完全に切り分けることなど本来はできないはずです。しかし、リアルな防衛論議が事実上のタブーとなっていた戦後の日本では、自衛隊と防衛産業の間の関係は、他国と比べて過剰なくらいに遠いものでした。

日本のおかれた安全保障環境は、いうまでもなく厳しい状況にあります。これまでにない危機にある今、従来のような考え方は通用しなくなってきています。軍と民間企業が他人行儀だったこれまでの慣習と決別し、新たな時代に切り替わるべきなのです。「日本版　軍産複合体」という考え方はあっていい。というより、むしろそれが自然な形ではないかと思います。そのような認識がもっと強くなったら、沈滞の続く防衛産業もこれから先、元気になっていくかも知れません。

前置きが長くなりましたが、そのようなわけで今回、この本が生まれることになりました。しばらくお付き合い頂ければ幸いです。

石碑に刻まれた「技術報國」という言葉

「軍産複合体」を健全に機能させていくという観点から、最初にお伝えしておきたいことがあります。それは「技術」の重要性です。

戦車であれ戦闘機であれ、何もないところからそうした装備品が生まれることはありません。はじめに技術ありき、なのです。技術は兵器となって人の命を奪う道具になる一方で、人々の命を助けるものにもなります。また日常の生活にも役立つことが数多くあることは言うまでもありません。

軍事技術から生まれたインターネットを使い、スマホを傍らに生活する私たちが軍事技術を否定するとしたら、それは大いなる矛盾ではないでしょうか。人間が努力して生み出した技術で人々を殺すか、あるいは生活を豊かにするかはまさに人しだいであり、存在する全てを受け入れ、それを平和のために使う知恵を絞ることが人間に与えられた宿題ではないかと私は思っています。

東京・目黒の防衛装備庁・艦艇装備研究所の敷地内には知る人ぞ知る石碑があります。そこに刻まれている4つの文字は私たちを覚醒させてくれるものです。

それは「技術報國」という言葉です。

この石碑は、旧帝国海軍の目黒海軍技術研究所が紀元2600年（1940年）を機に建立したもので、揮毫したのは都築伊七・海軍中将とされています。都築中将はこの後、旧横須賀海軍工廠で工廠長を務めた機関将校でした。かつて零戦や戦艦大和を作り出した旧海軍の技術者たちの気概が、この4文字から見て取れるのです。

この石碑は戦後、連合軍の接収やわが国の技術が封印されていた間もそこでじっと耐え、日本の復活を待ちました。そして、二度と蘇らないと思っていた日本の軍事技術に再び火が灯った様子を見守ってきたのです。

資源のない日本にとっては「モノ作り」こそが国の救世主でした。技術の優位性は国防そのものです。もちろん、このことは昔も今も変わりません。しかし、近年は技術力が国を助けるという事実が忘れられがちになっていないでしょうか。

かつては「技術報國」のスローガンに敬意を表す自衛官も多くいました。しかし最近はどうでしょうか。

世界一を目指してこその国家の技術力

国産技術の重要性を説明する際に、しばしば「自国に技術を持っていれば、輸入などで他国から物を買う際にも有力なバーゲニングパワーになる」と言われますが、ある技術者から「この表現は好きじゃない」と言われたことがあります。曰く、「技術開発は、誰もが世界一を目指して取り組んでいるものであり、買い物を有利に働かせるためではない」と……。

こういう気概は非常に重要だと思いました。「技術力」といっても、ただ作れるだけではだめで、それが世界に比して優位性を持っていることが重要なのです。「世界一」を目指し、そのレベルに到達して初めて他国とのかけひきが可能になる。よく「国際問題は軍事ではなく外交で解決すべきだ」などといわれますが優位な軍事技術があってこそ外交にも効果を発揮するのです。旧日本軍の技術者たちが死に物狂いで研究・開発に取り組んだのは、自分たちの努力次第で国の方向性が決まってしまうことを分かっていたからです。その意味で、北朝鮮が必死になって核やミサイルの開発に挑戦する姿は、誤解を恐れずに言えば「立派」だとも思います。

また、昨今は「国際共同開発」の時代だといいますが、自国に秀でた技術を持っていなければ「お呼びじゃない」ということも肝に銘じなくてはなりません。技術を持たない国が共同開発に加わりたい場合は、資金だけ分担することになるわけです。

「技術抑止力」は認知され難いため、国民はそんなものはなくても平和が保たれていると思ってしまいがちです。しかし、私たちの平穏で幸福な毎日は、実は自国の軍事技術によってもたらされていると言っても過言ではないのです。

「銃はいらない」「核はいらない」と、いくら叫んでも戦争はなくなりません。清濁併せのむのが人間社会であることを認め、軍事技術やそれによる抑止力を尊重する成熟した国を目指していきたいものです。

いまだかつてない防衛産業への注目

それにしても、日本の防衛産業が今ほど注目されている時はあったでしょうか。ある新聞では、日本の防衛産業は「土俵際」にあるといい、また別の新聞では日本の防衛産業は「道半ば」だと評されていました。一体、防衛産業の現在地はどこなのだろう？と悩まされますが、さまよい続けているということなのかもしれません。

私から見れば、実はこの問題が迷走してしまうのは当然なのです。というのは、防衛産業を巡る政策は「産業政策」なのか、はたまた「安全保障政策」なのか、そこが混同されがちで判然としないからです。

確かに、防衛技術の活性化は産業政策としての側面がありますが、やはりこの問題は「国防」そのもの、すなわち安全保障政策として取り組んでいくべきだと私は思います。常にこの大前提を見失わずに話を進めていかなければ、どうしても同床異夢の話に終始してしまうでしょう。

もう少し突き詰めれば、この議論は陸海空自衛隊のそれぞれの役割や運用がどうなっているのか、どうすべきかが前提なので、自衛隊を知ることから始めるべきなのです。

靴下と戦闘機はどちらが大事なのか

侵攻事態では本土から離れた海、そして空を守ることがまず最初の課題となります。しかしその防備が破られたなら、地上での防衛に移行せざるを得ません。陸海空の防衛はその時間軸が異なります。そして最も長い時間戦闘に耐えなくてはならないのは、やはり陸上戦力です。つまり、最も「継戦能力」、持久力が求められるのは、陸上自衛隊ということになるのです。

武器や装備を国産化する意義は継戦能力のためであると考えれば、陸海空自衛隊の中でも特に国産にこだわるべきは、やはり陸上自衛隊だと言えるでしょう。しかし問題なのは、陸自の装備全般における国産の必要性が海空自衛隊と比べて理解され難いということです。

小銃と戦闘機と潜水艦のどれが一番重要か？と問えば、多くの人が戦闘機や潜水艦と答えるでしょう。では小銃と靴下ではどうでしょうか？　やはり小銃の方をあげる方が大半かと思います。

しかし、数十キロを行軍する歩兵にとって、靴下はとても大事です。破ければ戦力が著しく低下します。靴や下着も同じです。自衛隊の装備についても、「選択と集中」などと言って必要なものとそうでないものを選別すべきだといった議論が出てきますが、実態を知らない人がこれを行うのは乱暴です。戦闘の現場に出れば何週間も着たきり雀となる彼らの感覚を私たちが分かるはずがないのですから。

一方で、海空自衛隊が国産化を目指さなくてもいいのかと言えば、そんなことは全くありません。米軍との共同運用性を重視する装備については米国製を導入しているとはいえ、実際には潜水艦も護衛艦も国産であり、戦闘機も国産か日本主導の共同開発を目指そうと奮闘しています。

海空自衛隊の装備もなんとかして国産を遺すべく努力しているのです。これは国産の利点を実感した先人たちが苦労して残してきた結果であり、同じように未来の自衛隊を考える時、今を生きる私たち世代の責任として継承すべきことです。「いまこの時点での必要性、経済性」からのみで防衛力整備を行うべきではないのです。

英国の防衛基盤を崩壊させたサッチャー首相

軍事を考えずに防衛産業政策を行うとどうなるかの事例となると、いつもイギリスを思い出します。

イギリスでは1980年代初めのサッチャー政権時に大規模な軍縮を行いました。当時「英国病」と呼ばれた経済不況の中で就任したサッチャー氏は、「軍備の効率化」と銘打ち、ポラリス原潜の退役を見すえたSLBM（潜水艦発射型弾道ミサイル）トライデントの米国からの購入、小型艦艇の導入による人員・任務の縮小を行い、欧州から離れた地域への部隊派遣は二次的役割に引き下げました。空母は3隻から2隻に減り、このことは欧州域外への関与能力低下を自ら示したことになりました。

英国は、1979年にアルゼンチンがフォークランド侵攻を企図しているとの情報を摑んだものの「常駐部隊を置くとコストがかかる」ということで一時的な部隊派遣にとどめました。しかし、このことがアルゼンチン側に「イギリスは離島防衛の意志が薄くなっている」というメッセージを送ることになったのです。

ダメ押しになったのは、フォークランド海域に派遣されていた哨戒艦「エンデュランス」を経費削減の一環で除籍させる決定でした。イギリスの南大西洋地域に対する関心の低さを露呈することになったのです。これがアルゼンチンの背中を押してしまいます。

一方で、このような一連の国防予算の削減は、不況にあえぐ国民に大いに支持されたのです。効率化の名の下で強行した軍縮が紛争を招いたことは明らかですが、国民はそれぞれの暮しや目先のことしか分からないため、この軍縮はサッチャー首相の強力なリーダーシップの表れとして評価されることになります。

民主主義とはこういうものです。つまり、国民の賛同は必ずしも国防に資するものではない、むしろ紛争を招きかねない場合もある、ということです。

よく防衛費について「税金を使うのだから透明性が必要だ」と言われますが、だからといって素人が国防の方向性を決めるようなことは、むしろ納税者たる国民を危険に追い込むことになりかねません。

イギリスはフォークランド紛争には勝利しましたが、この教訓から、それまでの方針を一転して島嶼部への軍備を厚くし、空母や潜水艦など艦艇の建造も再開しました。しかし、軍縮によって国が保有していた防衛産業の株式を売却して切り離しを図り、経済合理性の観点からブリティッシュ・エアロスペースなどを再編に追い込み弱体化させた影響は想像以上に大きいものでした。一度ストップしたものを再び始めるのは困難を極め、とりわけ潜水艦の建造は長い間イギリスを苦しめることになりました。

サッチャー首相を描いた映画『マーガレット・サッチャー　鉄の女の涙』（原題 The Iron Lady）を観ると、フォークランドに艦艇を派遣するよう命じたサッチャーに「艦がありません。あなたが削ることを決めました」といったセリフが返ってくるシーンがあり印象的でした。

私はここでサッチャー批判をしたいわけではありません。一連の経緯は、「軍備の効率化」というのは後でそのツケを払わねばならない可能性があること、つまり結果的に効率化にならないということ、またそのことで戦争抑止に失敗する場合もあることを教えてくれる、貴重な教訓であると思っています。

さらに、この点はあまり語られていませんが、削減により大きな影響を受けるのは軍の運用現場です。装備が削減されても、命令とあらば彼らは出動していきます。装備をさんざん減らした上で、彼らに「国のために戦争をしろ」と言うのは、あまりにも残酷に思えてなりません。

いずれにしても、このイギリス・サッチャー政権が招いた防衛生産・技術基盤の事実上の崩壊、そして防衛費の徹底的な効率化による抑止の失敗は、今の日本にとって非常に示唆的な歴史的事実ではないでしょうか。

有事の発生は抑止の失敗である

2022年2月24日にロシアによるウクライナ侵略が始まりました。それ以降、ウクライナの人々が命がけで必死に抵抗している姿には、胸が張り裂ける思いになりますし、敬意を表するばかりです。

しかし、本来、政治は、国民に銃を持たせたり、まして一般市民を攻撃の的に晒すようなことを許してはならないものです。改めて強調しておきたいのは、ウクライナはロシアによる侵攻を許してしまった時点で「抑止に失敗した」という事実です。このことを、日本はわが事として受け止めなくてはなりません。ひとたび侵攻されれば、戦争をせざるを得なくなり、人間同士の殺し合いという残酷な現実が始まってしまうのです。

抑止を効かせるためには、装備の優越とそれを使う精強な軍の両輪が必要です。装備を刀にたとえれば、常にぴかぴかに磨かれていることが重要なのです。そして、その刀を抜いた時点で、抑止は失敗です。装備は抜かない名刀でなければならないのです。

平和を継続するためには「抑止力の強化」しかありません。そして、そのためには相手に「絶対に手を出したくない」と思わせる軍事力と、その軍事力を支える防衛産業が不可欠なのです。

シーレーンの安全が確保できなくなると……

日本の防衛産業の現状をお話する前に、まず日本の置かれている安全保障環境を改めて確認する必要があると思います。

わが国が、地政学的に中国、ロシア、北朝鮮の3正面と対峙しなければならない位置づけであることは、今も昔もこれからも変わることはありません。

しかし、戦後においてこの3正面の脅威レベルが今ほど高まっていることはないと言っていいでしょう。中国の習近平国家主席が3期目に突入し、台湾統一は必ず実現すると明言しています。その際に武力行使を辞さない、とも言っています。同政権が続く限り、もはや台湾有事があるかないかを議論しても仕方ありません。「台湾有事は必ずある」という前提で、いつあるのか、どのようにあるのか、それまでにいかに備えるか、それでも相手の気を削いでやらせないためには何をしなければならないのか、を考えていかなければならないということです。

台湾有事となれば、わが国の沖縄県、とりわけ先島諸島の人々が避難を余儀なくされるでしょう。国民の安全や生命が直接危険にさらされるだけでなく、本土で暮らす日本人にも大きな経済的打撃が予想されます。

日本は原油の9割を中東からの輸入に依存しています。そして、その8割がマラッカ・シンガポール海峡から南シナ海を経由して輸送されています。台湾有事、そして中国による台湾攻略ということになれば、わが国シーレーンの安全が確保できなくなりますので、輸送航路を変更しなくてはなりません。仮に南シナ海が使えないということになれば、バリ島の東側にあるロンボク海峡、インドネシアのマカッサル海峡に迂回するのが現実的な選択肢となり、現在より3日ほど時間を要し、毎日１００トンの燃料を消費することになるといいます。つまり、コストの大幅な上昇は避けられません。

その額は1隻あたり３０００万円増と見積もられ、もしロンボク海峡も使えずオーストラリアの南側まで航路を延ばした場合、さらに莫大な経費がかかります。それらは全て物の価格に反映されることになり、日本経済に与える影響は計り知れません。

日本人の生活はシーレーンの安定が支えています。これがなくなることは、日本にとって死活的な問題となるのです。

北東アジアで米軍の抑止がきかなくなる可能性も

戦後の日本は日米同盟の下、自衛隊だけで有事に対処するという想定はしていませんでした。しかし、過去の米国の軍縮、中国を「責任あるステイクホルダー」などと無邪気に見なした対中政策の誤りが中国を勢いづかせ、パワーバランスを一転させてしまったのです。かくして中国の軍事力は拡大の一途をたどり、西太平洋における米中の軍事力は圧倒的に差がつけられてしまいました。戦闘機は米軍が１７５機に対し中国軍は１０５０機、戦闘艦は米軍12隻に対し中国は46隻、潜水艦は米軍が10隻に対し中国軍は48

隻など、格差が明かになってしまっているのです。

自国周辺のみが展開地域である中国と、中東やアフリカなど世界を担務する米軍では総力では米軍が依然として世界一であることは変りませんが、アジア地域を見れば中国の独壇場になりつつあると言えます。

特に問題なのは、ミサイルの数です。中国は地上配備型中距離ミサイルを約2000基保有していると言われるのに対し、米国は「ゼロ」です。冷戦時代、米ソ間で結ばれた中距離核戦力（INF）全廃条約により、射程500キロから5500キロの地上配備型中距離弾道ミサイル、巡航ミサイルはいずれも全て廃棄したからです。

トランプ大統領が「中国が加わらない中でのこの条約は意味がない」と、INF条約を継続することを止めましたが、気づけば「ミサイル・ギャップ」は容易には回復できないレベルに達していました。このミサイル等の不均衡の状態により、在日米軍・在韓米軍、さらにグアムの米軍基地までが中国の攻撃に晒されるエリアに入っており、この状況下で米軍がアジア地域にとどまることは厳しくなってきています。つまり、米国の抑止力がなくなる恐れがあるのです。

また、台湾も対艦ミサイルを数多く保有していますので、中国が軍事行動に出る場合、まずは対抗手段を持たない日本を狙う可能性もあるのです。

ロシアがウクライナに侵略する際、最初にミサイル攻撃で徹底的にウクライナの軍事インフラを切り崩したように、中国は在日米軍基地を最初のターゲットにするかもしれません。その認識が強くなれば、「基地があるから攻撃される可能性が高まるのだ。だから米軍基地は要らない」という声が国内に沸き上がり、日本の抑止力を自ら失う事態になる可能性も考えられます。

私たちが今すべきは、そうした事態にならないように、力の均衡を維持することです。そのためには、軍事技術の均衡も維持していかねばなりません。

すぐそこにある危機

台湾有事が「いつあるか」については、2027年頃が濃厚だとの分析があります。

習近平は4期目も目指すと言われており、そうすると2028年が次の選出の年になることや、現時点で台湾上陸を企図しても輸送力が不足しているものの、その頃までには兵力の輸送手段も十分になると考えられるからです。さらに、2027年は人民解放軍の創設100年という節目の年にもあたります。

力の不均衡は中距離ミサイルだけではありません。今、急速に中国、ロシア、北朝鮮が開発を進めている極超音速ミサイルは米国も迎撃能力を持っていません。このような米国の「穴」の数々を埋めることが必要です。わが国がすべきことはかなり多いのです。ただ、ミサイルの不足が顕著であるために、その強化に関心が向きがちですが、防衛力はどれか一つだけを強化すればそれでいいというものではないことも同時に理解する必要があります。

いずれにせよ、日本の様々な技術力が米国の「穴」(力の空白)を埋め、日本が米国にとって必要な存在になることが最も望ましいでしょう。好むと好まざるとにかかわらず、米国をいかに日本やこの周辺地域の防衛に巻き込んでいくかが命運を分けることになるからです。そのためには、依存度が高かった従来の日本の考え方を改め、米国の負担を軽減させるためにも自主防衛力を高めていかなくてはなりません。

「自分の国は自分で守る」というのは、国防の基本です。それは、米国や仲間になってくれる国なしで1国で守るということではありません。「自分の国は自分で守る」という姿勢がないと、誰も協力してくれないのです。だから、自分の国は自分で守る気概で、技術を一つでも多く生み出し育てていかなくてはならないのです。

最近は日米だけでなく日米豪印（いわゆるクアッド）、さらには英国など欧州諸国との多国間連携の動きも加速されています。南シナ海のようなコモンズ（公共財）を守って行くには、国際的な連携が欠かせません。その中でわが国が何をするのか、お題目だけではない具体的な実力が問われるようになっているのです。

経済手段による攻撃

昨今、警戒しなくてはならないのは軍事行動だけではありません。私たちの生活に身近な経済活動も、潜在的な敵国の攻撃対象になっています。経済的手段による外的脅威が顕在化しているのです。

メルケル前ドイツ首相が中国に土下座外交をせざるを得なかったのはなぜか？　中国との貿易が「人質」になっていたからです。とりわけドイツ車の中国販売依存度が極めて高く、中国なしでは立ちいかない状況になっていたことは誰が見ても明らかでした。

インドがロシアのウクライナ侵略を非難する決議案に「棄権」票を投じざるを得なかったのはなぜか？　インドの装備品の約7割がロシア製だからです。

「経済の依存」や「装備の非国産」によって、国の意志が他国に支配されてしまうのです。そんなことは昔から分かっていたはずでしたが、分かっていながらも多くの国がそのワナにはまってしまっています。また、はまりたくなくても、自国に技術を持たなければそうせざるを得なくなるのです。

国におけるある国の企業の売り上げが、売り上げの大半を占めるようになり、もうその国から離れられなくなる状況は「エコノミック・ステイトクラフト」と言われます。これは「軍事的手段ではなく経済的手段により他国に影響を及ぼすこと」です。

今、多くの国が「エコノミック・ステイトクラフト」の恐ろしさに気付き始めているのです。

国産化に向かう世界

そうした中、2023年6月7日に「防衛生産基盤強化法」が参院本会議で、与党と立憲民主党、日本維新の会などの賛成多数で可決、成立しました。

この「防衛生産基盤強化法」には、自衛隊の装備品を製造する企業が事業継続困難になった場合、その生産ラインを国有化し、別の企業に委託する仕組みも盛り込まれています。従来の日本政府と防衛産業の「冷たい関係」からすれば法案を出せたこと自体が驚くようなことかもしれませんが、今、世界各国が急速に安全保障の観点から自国の産業を強化しようとしていることを見れば当然の流れとも言えます。

防衛産業において世界の具体的な動きを見ると、米国は２０２１年に国内調達要求の基準比率を75％に引き上げる連邦調達規則の改正案を発表。中国は政府調達で推奨する企業や製品を記載した「安可目録」と呼ばれるリストを２０１９年に作成したとみられます。オーストラリアは２０１８年から独立産業能力優先事項として10の分野を指定し、それらの国内開発を促進しています。韓国は防衛力改善費のうち、国内支出80％以上を目標として設定する「韓国産優先獲得制度」を２０２１年に発表しました。このように国内産業を強力にサポートする施策、国産化の動きは、世界各国において「国防そのもの」と位置づけられており、明白になってきています。

防衛生産基盤強化法が成立する前年の２０２２年12月には「国家安全保障戦略」などのいわゆる戦略3文書が改定され、防衛産業についても「いわば防衛力そのもの」と明記されました。また、防衛装備庁は防衛力の中核が「装備品と自衛隊員」であるとしっかりと明示しています。「高度な装備品を保有し、それを適時適切に運用することで初めて、自衛隊は任務遂行が可能となる」としており、その運用以外のプロセスを担っているのが防衛産業であることから、「防衛力の中核たる装備品と防衛産業は一体不可分」だとしています。まさに「防衛産業＝防衛力そのもの」という位置づけです。やはりこの問題は「国防政策」なのだと思います。

まだまだ誤解もあるようですが、いずれにしても国としてようやく防衛産業政策の一歩は踏み出したのです。

第2章　装備が可能な限り国産であるべき理由

それでは日本の防衛産業は今どのような状況にあるのか、防衛産業の健康診断をしてまいりましょう。まずは身長・体重に相当する基礎情報から。

日本の工業生産額に占める防衛省向け生産額の割合は１％以下です。そして、令和2年度の防衛関連調達額は約2・5兆円とのことでした。トヨタ自動車など、数兆円もの利益を上げている企業があることを考えれば、調達額がこの程度の規模にすぎない防衛産業がいかに地味な産業分野であるかお分かり頂けるかと思います。

大企業のニッチな一部門

防衛産業の主な企業は、諸外国のような防衛専従ではなく、大企業の一部門です。そこで、防衛装備品を担っている構図です。つまり、正確に言えば日本に「防衛産業」は存在せず、「企業の防衛部門」がそれに該当するということです。

各企業における防衛事業の割合、つまり防衛需要依存度（防衛関連売上／会社売上）は平均で4％程度だとされています。中には1％以下の企業もあり、いずれにしても社内の存在感は小さいと言わざるを得ません。つまり、仮に防衛省からの調達がなくなって防衛部門が干上がったとしても、その会社全体にとっては大きなインパクトにはならず、大して痛くもない、ということです。

さらに言えば、大手企業にとって防衛分野は「あまり目立って欲しくない」事業部門です。例えばエアコン大手のダイキンや建設機械大手のコマツは弾薬を製造する防衛産業でもありますが、ＩＲ（投資家向け広報）などでそうしたことを強調することはあまりないようです。大手企業のほとんどが民生品の製造・販売で利益を上げており、そちらの事業こそが本業です。防衛事業は余力で行っているに過ぎず、メインの民生品事業が順調であることが、会社の経営陣にとっても投資家にとっても最も大事だからです。

余談ですが以前、家電セールで三菱重工のエアコンとダイキンの空気清浄機の「お得なセット」を見つけたことがありますが、この両社が日本の戦車と戦車砲弾を製造しているメーカーだと知っている人は極めて少数派でしょう。

民生品の受注を受けにくい会社も

一方、こうしたプライム企業（防衛省から直接受注を受ける大企業）だけで装備品を作ることはできず、そこに連なっている数千社に及ぶ関連企業はまた事情が違います。

装備品ごとにだいたい１０００社以上のベンダー（プライム企業に部品等を提供し、防衛省とは契約を締結していない）中小企業が関わっていて、その数は、例えばＦ２戦闘機は約１００社、一〇式戦車は約１３００社、護衛艦（ＤＤ）は約８３００社と言われ、そこには有名な企業から町工場まで含まれています。

ベンダー企業は、大手企業とは違って防衛需要依存度が高い場合が多く、ほとんど民需は行っていないというところもあります。その理由は、特殊な防衛装備品用の設備や技術者などは民生品用に流用できないという事情や、各経営者の防衛事業を担っているという責任感などです。ある会社では、受注が1年間ないという事態になり、そんな中で救世主のような民生品製造の仕事がきたというので家族は胸をなでおろしたのですが、結局それは辞退したそうです。驚いて理由を聞くと、自衛隊の装備品を作っている以上、保全の観点から防衛省関係者以外が出入りすることはやはり避けたいということでした。技術者も民生品部門とかけもちをすると「腕が落ちる」と言います。高度な技術力を維持するために人の流動を避けたいという声も多く聞きました。発注をしてくれなかったというのになんという忠誠心、なんというヤセ我慢なのかと驚愕するばかりですが、このような考え方は防衛産業では決して珍しくはありませんでした。こうした会社の多くは先代や先々代の社長が旧軍から仕事を受けた歴史を持っていて、その伝統を継承しているのです。

しかし、世代交代で最近は考え方も変ってきている可能性があります。以前、このようないわゆる100年企業を訪ねた際、社長の息子さんが、受注があるのかないのか分からない防衛事業はいずれ畳んで、敷地の一部は駐車場にしたいと、こっそり打ち明けてくれたこともありました。

問題なのは、防衛装備品の製造をしていることが必ずしも信用に繋がっていないということです。こうした町工場は、仕事がない間も設備や技術者の維持のために資金繰りをしなければならず、地元の銀行から融資を受けるわけですが、自衛隊の仕事をしているからといって地元の銀行は必ずしもいい顔をしません。

「今回限りですよ」

そんな言葉を突き付けられた社長さんは少なくありませんでした。今は防衛費が増えていますので、銀行の防衛産業に対する見方も変化しているかもしれませんが、予算が増えたとしても、その企業の受注があるかどうかが不透明であれば、何の保証にもならないのです。

いくら高い技術で防衛装備品を作っていても「予見性」、つまり見通しの立たない仕事をしていては信用に繋がりません。

義理・人情・浪花節

共産党の人がよく「町工場は日本の宝です。灯を消してはなりません」と訴えているのを聞きますが、彼らは同時に「日本に戦車はいらない」とも言っています。しかし、私の知っている戦車製造に携わる企業はまさにその「町工場」で、汗を流しながらモノ作りと向き合っています。初めて戦車の部品工場に行った時、こんなに小さな場所であの戦車の一つのパーツが作られているのかと驚きましたが、そこは紛れもない、戦車の製造になくてはならない工程だったのです。

様々な装備品の製造現場に行くと、この部品は一体、どこにはめ込まれるのだろうと疑問に思うこともあります。工場の人に聞いてみると、「私たちにもよく分からない」

と答えられることもありました。それくらい工程は細分化されているのですが、ともあれ現場はいずれも職人技の世界です。そうした現場では「鉄を削るのは大変な作業です。油で真っ黒になってやるんです」と職人から聞かされ、「鉄といかに戦うか」を教えてもらいました。

こうした町工場と共産党のいう町工場は違うのか？といつも思いますが、それほどまでに「防衛産業」のイメージが日本人にとって漠然としており、技術力やモノ作りとリンクしていないということなのでしょう。

2010年に、おそらく日本で初めて防衛産業の現場をリポートした『誰も語らなかった防衛産業』（並木書房）を上梓しましたが、それを読んで下さった方の感想で耳に残っているのは「ちょっと情緒的かもね」という言葉でした。これはまさにその通りで、私自身がドライな著者になれなかったことを反省する気持もありますが、実際にはこの世界が極めて情緒的な動機で成り立っているという事実もあるのだと思います。

冷静に考えてみて欲しいのですが、防衛省・自衛隊の仕事は、発注があるのかどうか分からない。それでも受注できればいいが、いきなり予算が認められないこともある。遊休資産を抱えても、面倒をみてくれるわけでもない、資金繰りは自社努力で行わなくてはならない……という条件下で、事業を投げ出したりもせずに継続してきたのは、防衛事業を担っているという矜持があったからです。

下請企業にとっては、プライム企業との関係もあります。「長年お世話になってきた」という、日本企業ならではの感性がそこにはあるのです。

「今日は、とうとう防衛事業から手を引くと（プライムに）言うんです」

あるベンダー企業の人たちから、会合で出会いがしらにそんなことを言われたこともあります。「もうちょっとなんとか様子を見ることはできないんですか」と思わず言ってしまいましたが、もうこれ以上はムリなんですと言いながら肩を落としていた姿に、かける言葉はありませんでした。

福島県にあった潜水艦の調理機器の製造企業は、東日本大震災で大きな被害を受け、設備が損壊したことで事業からの撤退を決めました。その設備は昭和40年頃から使っていて、すでにかなり老朽化していました。震災が追い打ちとなり更新を断念したのです。このように、数千万～億単位がかかる設備の更新を契機に撤退してしまう町工場が多いようです。

そもそも利益の出ない事業を続けられないのは当たり前のことで、申し訳ないと思う必要も本来はないはずです。しかし、防衛産業の人たちはこれまで「義理・人情・浪花節」でやってきただけに、それが通用しなくなって事業から撤退するとなると、申し訳なさを感じて落胆してしまうわけです。そんなベンダー企業の撤退は、ここ20年間で100社以上にのぼっています。

プライム企業でも相次ぐ撤退

これに対し、同じく大変な状況だとは知りながら「大手は撤退しないだろう」と楽観視する風潮がありました。制服自衛官たちの中でも「本当に全くメリットがないなら企業も事業を続けるはずがない」「少し大げさに言っているのだろう」と考えていた人が多くいました。

数年前までこの見立てが通用していたのは、いくつかの要因が考えられました。第一に、各企業において防衛事業の割合は小さく、目立たない部門だっただけに、経営陣から注目されていなかったこと。第二に、日本経済が停滞していたため、利益率は低くても確実性のある官需の仕事には一定の魅力があったこと。第三には防衛装備のための設備を保有しているため、撤退するにも費用がかかるので続けざるを得なかったこと、などです。

ところが近年は企業のコンプライアンスが厳格になり、株主の同意も不可欠となっていることから、状況は変わってきました。またベンダー企業と同様、騙し騙し使っていた老朽化した設備が限界となり、更新するかどうかという判断に迫られるタイミングで撤退を決めるというパターンも見られます。新しい社長が外部から赴任し、あっさり打ち切りを命じられるという場合もあります。

こうして、最近はプライム企業でも防衛産業からの撤退が続いています。住友電工（航空機用レドーム）、横浜ゴム（航空機用タイヤ）、小松製作所（車両）、ダイセル（射出座席、火工品）、住友重機械工業（次期機関銃）、横河電機（航空機用ディスプレイ）、三井E&S造船（艦船）が事業撤退しました。三井E&S造船の艦船は三菱重工が継承し、横河電機の航空機用ディスプレイは沖電気が承継したのは救いですが。

「国産品よりも性能の良い海外製品を」という意見

大して儲からないしイメージも良くない、だから企業もやりたくないというのなら、もはや無理に国産にこだわる必要はないのではないか、という考えもあります。

実は装備品を使う当事者である自衛隊にそうした考えの人が多くいます。使うだけの人にとっては、大事なのは使い勝手であり、使っている物が国産か輸入品かなどはどちらでもいいのかも知れません。それどころか、優れた性能の海外製品をもっと積極的に導入して欲しいと、国産重視に批判的な自衛官も多く存在します。「日本の防衛産業を守るために運用が犠牲になるのは間違っている」というのは、国防の現場にいる人の意見として分からないでもありません。

しかし、前述したように、防衛産業政策は安全保障政策なのです。その理解が最も深まらないのが、ほかでもない現場の自衛官たちであることに、この問題の難しさがあります。

このように、国産を追求する理由が自衛隊全体で認識されてきたわけではありません。自衛隊員でも、装備行政に携わる部署に配置されるなどで、初めてその重要性を知るというケースが多いのが実情です。

それでも最近では、経済安全保障の観点から自国の自律性を確保することが世界的に喫緊の課題となっているため、その意味においては国産化の意義を理解する人が少しずつ増えました。しかし、それでもなかなか理解されないのは、自衛隊における国産の意味、自衛隊に装備を提供することの特殊性です。日本国憲法に即した自衛隊の運用は、他国の軍のそれとは違うからです。

そもそも自衛隊員の日本国内の地位は、特別職国家公務員です。防衛出動などの事態認定下でない平時においては、彼らは基本的には私たち一般人と同じ。つまり、各種法令に従い様々な規制を受けています。道路交通法も排ガス規制も適用されます。有事と認定されない限りは、信号を守らなくてはならないですし、高速道路料金もかかるのです。

そんなのは当たり前じゃないかと思われるかもしれません。自衛隊だってルールは守るべきだと。

この問題の本質はどこにあるかというと、いわゆるグレーゾーンでの対応です。事態認定はされていないものの、侵攻を受ける可能性が高い段階においても、自衛隊は多くの規制の範囲内で動かなくてはならないのです。平時➡有事への判断は政治の役割ですので、これを早い段階でしてもらえればいいですが、状況判断が遅い場合は平時の規制を受けたまま行動を始めなくてはならず、そこが大きな課題なのです。

海空自衛隊の場合は装備に最初から武器が備わっています。しかし、陸上自衛隊が武装して日本国土に出ていくには、防衛出動や治安出動とならない時点では大きな壁があります。しかも、陸自部隊が動くためには時間もかかりますので、本来は早めに準備をし始める必要があるのです。

「勝てない装備」を作り続けた理由

装備の国産化から話が逸れたように感じるかも知れませんが、お伝えしたいのは、事ほど左様に自衛隊は法令順守を徹底しているので、装備品についてもいわゆるミリタリースペック（軍事特有の規格）でありながら各種国内法も守らねばならず、両方の条件をクリアするという特殊性が求められる、ということです。

ミリタリースペックと国内条件の双方を満たす装備品製造は、日本の国内企業以外にはほぼ不可能なのです。全ての条件を満たすためには、民生品の3倍の開発・試験期間がかかるといいます。例えば、見た目は民生品と同じような形のいすゞのトラックでも、自衛隊で使用するものは性能が大違いなのです。

また、日本は「専守防衛」の国ですから、装備品を使用する場面も当然、日本の国土です。他国に届く射程、航続距離を禁ずるというしばりを自らかけてきました。むしろ、国内の演習場で使うためには、場外に飛んで行ってはいけませんし、騒音を出して周囲に迷惑をかけてはいけないのです。日本の防衛産業に要求されていたのは「国民に愛される自衛隊」としての装備だったと言えます。

日本を取りまく安全保障環境が格段に厳しくなり、このところ「自衛隊が持っている装備で勝てるのか？」といった問いかけをよく耳にしますが、もし日本の装備品がいわゆる「勝てない」ものになっているとしたら、それは日本の防衛産業が「勝てない装備」をわざわざ作ってきたからではなく、それが政治的、国民的要求だったからと言った方が正確です。日本の防衛産業はぬるま湯体質だと指摘されることもありますが、仮に本当にそうだとしても、防衛産業は「必要最小限」や「専守防衛」などのわが国の防衛方針に愚直に従ったままで、何ら非難されるべきところのない、当然の帰結なのではないかと思います。

このように、日本の装備は非常に「内向き」で開発されてきました。「内向き」であるために、実際に重要視されていたのは、戦闘場面での使い勝手や性能よりも「安全性」だったのです。「安全性」とはどういうことかというと、住民に迷惑をかけないことです。その文脈では数量管理もその範疇になるでしょう。

例えば、自衛隊では射撃訓練で装備品や弾一つでも不足しているということになったら、その一つが見つかるまで探し続けます。全ての訓練を中止し、近隣の部隊も動員されて捜索が行われ、発見に至るまで終わることはありません。数週間、数か月でも、山の草木を全て刈って丸裸にしてでも続けるのです。このような事情から品質管理、とりわけ「数量管理」は完璧でなくてはなりません。人の命をも奪う弾薬という特性を考えると、当該弾薬が納品時に過不足がなかったか企業側も証明できるような体制が求められるのです。

高価な国産の弾薬を使うのはムダ遣いだとして、以前にも「訓練用の弾薬は安い輸入品でいいのではないか」と議論になったことがありますが、そこで抜け落ちているのはこの自衛隊の厳格な管理体制です。

自衛隊流の装備管理を外国企業に求められるか

自衛隊の数量管理について語る際、私がよく引き合いに出しているのは「遺伝子組み換え」食品です。

スーパーで買い物をする際、表示に「遺伝子組み換えでない」とある商品を選ぶ方は多いのではないでしょうか。この表示には色々な見解があり、根本的に全ての食品にこの表示が義務付けられているわけではありません。そのルール自体を問題視する声もありますが、そもそも表示の信頼性も100%とは言えないというのです。実は、最近まで海外から輸入する際に5%までは「遺伝子組み換え」が混ざっていても「遺伝子組み換えでない」と表示してよかったのです。

5%とは驚きました。輸入量が何トンなのか分かりませんが、これはかなりの量になるのではないかと思います。例えば大豆を農場から搬出する時に、いずれも同じトラックを使うため、どうしても遺伝子組み換えとそうでないものが混在してしまいます。それは「意図せざる混入」として許容されているということです。

さすがにこれを問題視する声が高まり、2023年4月からは表示方法が変わり遺伝子組み換えでないと表示できるのは混入がないと認められるものに限られるようになったようです。

この感覚の違いは装備品の管理にも当てはまります。日本のように「完璧な状態で納品」「完璧な数値で管理」という感覚は、外国には通用しません。むしろ、不可能である100%を要求するほうが非常識だと言われてしまうのです。

しかし、日本国内では自衛隊を相手にする企業が「大目に見てもらう」ということはまずありません。0・1％でも不足があったら許されないでしょうし、台風や大雪で輸送ができず納期に遅れたら、何千万円でも何億円でも遅延金を払わなくてはなりません。「意図せざる混入」だから違う物が混ざっていていい、などということは一切ありませんので、もし弾薬など量産品を海外から輸入したならば、その品質・数量検査などに大きなコストを払うことになるのは想像に難くありません。

国産の弾薬は高くない

このことは、自衛隊が厳格な管理体制を取っている限り変えることはできません。自衛隊が射撃訓練で薬莢を全て拾い集めているのは有名な話ですが、後で捜すのは大変なので、射撃の時に薬莢を目で追う癖もつくといいます。自衛隊には世界の軍隊の中でも類まれな習慣や常識があるのです。

小口径弾薬メーカーの旭精機工業は「完全なる納品」をするためにX線撮影装置を設備しています。これは数量管理のためです。もちろん、その前に何回も人の目でチェックをしますが、最終確認のためです。世界の防衛装備品の通念からして良いか否かは脇に置いて、これが日本の防衛産業の現実なのです。

また、弾薬については数の管理だけでなく質の面でも国産に優位性があるといいます。

市川文一・元陸上自衛隊武器学校長は、国産弾の価格は海外製品の平均価格よりもやや高めであるが、巷間言われているような3倍高いといった説は正しくないとした上で、性能についても国産弾が海外製品より劣るということはなく、むしろかなり優れていると指摘しています。自衛隊では国産弾しか射撃を実施していないと思われがちですが、輸入弾の射撃も行なっています。陸上自衛隊の上級射手は、国産弾はバラツキが少なく輸入弾よりも優れていると評価しているといいます。

弾の性能というのは何を指すかというと、弾ごとのバラツキです。これが最小化されているのが良い弾、ということになります。もし問題のある一つの弾が狙った所を外れたなら、射手は照準を変えることになり、そうなると残りの弾も当たらなくなってしまいます。「弾の均一性」が最重要なのです。薬量や形状を限界近くまで均一にすることによって、弾着のバラツキを最小化しているのがまさに国産弾で、このことは自衛隊内でもあまり知られていません。

この「均一性」を保つために旭精機工業など日本の製造業が必ず行っているのが「目

視」による検査です。もちろん機械による検査も経て、その上で機械が排除できなかった不良個所をさらにスキルの高い検査員が見つけ出すというプロセスをとっているのです。これと同じ品質管理を海外に求めるのは無理です。できるかどうかは別として、もし同じ工程を要求すれば価格が跳ね上がることは間違いありません。

無理難題にもとことん応じる国内企業

色々と書いてきましたが、つまるところ自衛隊の特殊性に適応できるのは国内企業しかない、ということです。自衛隊が自ら好んでしていることではないことも含め、日本の防衛産業はある意味、わがままな息子を黙って見守る父親のような役割をこれまで担ってきたのです。

他にも象徴的な事例として「速やかな修理、改修」があります。ＰＫＯなど海外での活動も行うようになった自衛隊は、ある時から従来の「国内仕様」だけでは通用しない場面も増えてきました。陸自のイラク派遣の時は、普段使っている防弾チョッキでは対応できないと分かり、急きょ新しくしなければなりませんでしたが、関係者の間でも「米国がなんとかしてくれるだろう」という見込みで他の膨大な準備に追われていたところ、米軍から防弾チョッキの提供は受けられないことが判明しました。米軍も当時、イラクだけでなくアフガンにも派兵しており、自国の分だけで手いっぱいだったのです。そんな状況で、同盟国とはいえ共に戦うわけではない日本の自衛隊に、優先的に装備品を振り分けることなどまずあり得ないのです。

自衛隊のイラク派遣が決まったとはいえ、自分の身すら守れない装備で自衛官を行かせるなどあってはならない。そこでどうしたかというと、国内企業に頼み込んだのです。派遣の決定された日までわずか3か月しかなく、その短期間で数千着を作らなくてはならないという難題でした。

「やりましょう」

関連企業は製造ラインを昼夜フル稼働させ、防弾チョッキ作りが始まりました。ラインといってもオートメーション化されているわけではありませんので、大半は手作業になります。その作業を数週間続け、期日までに成し遂げたのです。

国内企業ならではの「強み」と言ってもいいのは、その後のことです。

「テレビにイラクに派遣された隊員さんが出るとみんな大興奮でした」

危険な任務に赴く隊員たちの装備を自分たちが作ったという誇りと責任感。その彼らに必ず無事で帰って来て欲しいという祈り。そうした思いを家族のように込めていたのがこの人たちだったのです。

平成3年に自衛隊が初めて海外に赴いた海上自衛隊の掃海部隊ペルシャ湾派遣では、木造の掃海艇で遠路航海したのですが、一度も海外旅行をしたことがないという職人さんたちが、装備品が壊れたもしもの時のために密かにパスポートを取得していたとも聞きます。

イラク派遣ではこんな話もありました。カナダ軍兵士が防弾チョッキを着けたまま川に落ち溺死するという事故が起きたのですが、これを受けて国内企業ではすぐ、緊急時に速やかに取り外せる機能を付ける研究を始めました。そして4か月後には紐を引くだけで脱衣できる「クイックリリース」型への改良に成功したのです。

因みにイラク派遣時には車両の防弾板も改修が必要となり、国内企業で緊急調達しています。自衛隊が海外で活動する時には、表には出てきませんがこうした防衛産業の物語が必ずあると言っていいと思います。

東日本大震災では、福島第一原発に陸上自衛隊がヘリで散水を行いましたが、防護マスクを付けたままでの無線交信は聞き取り難く、それを知った製造企業が数日後にマスクの中にマイクを取りつけて届けたという話もありました。

急なニーズ、小ロットでの生産、自衛隊に必要なものを先回りして考える、そして自衛官の無事を祈る。良くも悪くもこれまでの防衛産業は、ある時は友となり、そして父となる、自衛隊が甘え頼ってきた存在だったのです。

日本人の身の丈に合う装備

ウクライナに日本が防弾チョッキを送ったことに「防弾チョッキしか」提供していないとか、その程度の物しか渡せないといった表現を見つけることがあります。これにはちょっと残念な気がしています。防弾チョッキは戦闘装着セットの一つのアイテムであり、隊員の命を守る重要な装備品です。クラレ、ユニチカ、帝人、東レ、東洋紡、住友ベークライトなどが戦闘装着セットを作っている代表的な企業です。米国でも国内調達を義務付けていて、自国で作れず輸入に頼るしかない国は古い世代の製品しか売ってもらえないため、最新型は持てません。防弾チョッキを自国で製造でき、改修もできるということは、非常にありがたいことなのです。しかも日本人と欧米人では体型の違いから、臓器の位置なども異なるため、日本人仕様の研究・開発が極めて重要となります。

また、同じく戦闘装着セットの一つであるヘルメットは「鉄帽」と呼ばれますが、これも隊員の死傷率を低減させるための重要アイテムです。戦後は米軍から供与されたM1型を使用し、昭和41年（1966年）に「66式鉄帽」として国産化されました。その後、昭和63年（1988年）に改良され、「鉄帽」と言いながらも高強度の複合繊維を何十枚も重ねた「88式鉄帽」となり、以降、改良と軽量化が重ねられています。

この国産化や改良も大きな意味があります。まず、日本人特有の「頭の形」です。上から見ると、日本人の頭はほぼ真ん丸の「大豆型」であるのに対し、欧米人は「アーモンド型」です。そのため、性能の優れた外国製でも、頭にマッチせず射撃の時にズレてしまうなどの支障が生じてしまうのです。

また、隊員は長時間着用するため、そうした使用条件もしっかり考慮する必要があります。自転車やバイクに乗る時など（あるいは私のように工場見学とか？）、限られた時しかヘルメットをかぶらない人にとっては理解できない感覚なのです。かつて、ヘルメットの予算要求が全く理解されず、怒り心頭に発した担当者が「それなら隊員の頭の形を変えさせるしかないんですね！」と机を叩き相手（おそらく財務省の方）を納得させた、などという話も聞いたことがあります。

とにかく、いずれのアイテムも自衛官の生命を左右することになる難燃性、長時間着用による耐ストレス性、日本の気候・風土への適応性、体型への適応性など、仕様書には明記されていなくても、微に入り細にわたる考慮がなされているのです。

因みに昨今は仕様書に細かく要求性能を書き込むと、受注できる業者が絞られて競争性を阻害するからと、あえて細かく要求性能を書かないのだそうですが、全くおかしな風潮だと思います。結局、自衛隊側の求める性能を言わずもがな、禅問答のように各企業が受け止めて作ることになるわけですから。

前述したように、身に着けるものに関しては特に理解が得られ難いですが、製造メーカーでは灼熱の中、あるいは氷点下など、自衛官に想定される環境下で１日中装着して体感する試験も行っています。隊員が直接身につけるものについては、人間工学に基づいて設計され、戦闘員の生理的負担を最小化すべく、努力が続けられているのです。

このように、日本の国土や気候、日本人の体型などを緻密に研究し、防衛省と企業が一緒になって開発してきたのが自衛隊の装備品なわけですが、昨今は透明性が必要だということで競争入札制度が主流となり、自衛隊と企業が膝詰めで作り上げていくことは「談合」などと誇りを受け、できなくなっているのが実情です。

国産の意義は陸自がいちばん重い

いずれにしても「国産の意義」が、特に日本において、いかに大きいかがお分かり頂けたのではないかと思います（繰り返しますが、その是非は脇に置いておきます）。

ここでさらに明治時代にまで歴史をさかのぼってみたいと思います。明治13年（1880年）にわが国は、当時生まれたばかりの陸軍で小銃の国産化を決定しました。採用されたのは村田経芳《むらたつねよし》が開発したもので「13年式村田銃」と名付けられました。これを推進したのが大山巌・陸軍卿です。欧米に何度も赴き、海外事情に精通していた大山は、補給・整備の観点からも装備の国産統一の重要性を痛感していたのです。

しかし、この方針には当初、現場の兵士たちの猛反対があったといいます。使用者にとって外国製の物が魅力的なのは今も昔も変わりません。しかし、大山は「兵器の独立がなければ国家の独立はない」という強い信念を押し通しました。この思想は、海空軍が倒れた後も国土防衛をし続けなくてはならない、つまり継戦能力が重要な陸軍ならではのものであり、それはそのまま現在の陸上自衛隊に引き継がれるべきものです。

つまり「国産の意義」というのは、陸海空軍それぞれで異なるものなのです。それぞれ戦いの空間も時間も違うからです。

昨今、日本の防衛産業を盛り上げたいと思い始めた方が多くなり、議論が活発化しているのはありがたいことです。しかし、防衛産業について考えるなら、「陸海空自衛隊それぞれの役割を知ること」から始めることが必要不可欠です。前述したように、防衛産業政策は、安全保障政策の一部だからです。

第3章　防衛産業に適正な利潤を

入魂式と進水式

戦車が部隊に納車される時に、まず行われるのは部隊マークを描き入れる「入魂式」です。「入魂式」では文字通り「魂」を入れます。その入魂式の前には、戦車を作っている三菱重工の工場で、戦車の完成と自衛隊への引き渡しの儀式も行なわれています。

建造した艦艇を初めて水に触れさせる進水式もあります。それまで艦を繋ぎとめていたロープを斧でカットすることを「支綱《しこう》切断」といい、その際に日本酒やシャンパンの瓶を船体にぶつけて船台から艦艇が進水していきます。これは出産をイメージしていると言われます。そのために、切られた支綱は安産のお守りとして出産を控えている関係者に配られたりしています。荘厳な空気の中、支綱が切られ、行進曲『軍艦』の演奏とともに一斉に敬礼する海上自衛官と、それまで手がけてきた造船所の人たちが見守る中で、艦艇はこの世に生を享けるのです。

「愛車」「愛機」「おらが船」。これが日本人の感覚なのだとすれば、わが国の装備品に対する向き合い方もまた、外国とは少々異なるのだと認めざるを得ません。「ビッグモーター」という中古車販売店が顧客の車を意図的に傷つけ保険金を不正に請求していたことが報じられましたが「ゴルフボールを靴下に入れ振り回して車体に傷をつける」という所業は、日本人が持つ、物に対する愛着や誇りを傷つけるものに感じたのは私だけではないと思います。

このようにまるで赤ん坊のように大事にされて誕生する防衛装備品ではありますが、防衛装備品には普通の物とは違う大きな特徴があります。それは「よく壊れる」ということです。これは不良品という意味ではないことは言うまでもありません。過酷な環境で使われる各種装備品は、常に修理が欠かせないのです。

よく防衛産業の人たちが、夜中であれ何百キロ離れている遠方であれ、何らかの不調の連絡を受けると飛んで行くので、会計検査院や財務省の方が「儲けにもならないのになぜそんなことをするのか」と首をかしげていますが、そこには製造メーカーの責任もさることながら、それだけではない何か、装備品に対する特別な感情があるような気がしてなりません。

「糸を売って縄を買った」過去

万物に神宿るという言葉を体現してきたようなわが国ですが、過去には苦い経験もしています。

1960年代から右肩上がりとなった対米輸出で貿易黒字が続くようになっていた日本は、しだいに米国から厳しい制裁を受けるようになりました。その象徴的な物品が「繊維」でした。既に1955年には1ドルで買える日本製のブラウスが米国市場を席捲し、1969年に就任したニクソン大統領はなんとかして日本製品を規制しなければならないと考えました。またそうしなければ、自分の政治生命が危ぶまれる状況になっていました。

その時、佐藤栄作内閣で通産大臣になったのが田中角栄でした。火中の栗を拾うことになった田中大臣が実行した解決策は、歴史に残る離れ業と言っていいものでした。なんと、「稼働していた繊維機械を国が買い取った後に、壊す」という方法です。繊維業界には当時で2000億円以上の補償を支払ったといいます。その後、日本の繊維産業は衰退の一途を辿りました。

当初、輸出自主規制を求める米国に抵抗を見せていた日本政府が、このような強硬策を取った背景には、沖縄返還交渉がありました。繊維で譲歩して、沖縄返還の交渉を有利に運ばせたい思惑で、結局、１９７１年に米国の要求を受け入れたのです。翌１９７２年に沖縄は返還されたことから、一連の経緯を「糸を売って縄を買った」と評されたりもします。

私はこの時に担当していた通産官僚の方からたまたまその話を聞いたことがあるのですが、機械を壊すことになり、工場を閉鎖するというその時に職人さんたちが「お願いがある」と言ってきたそうです。聞けば、機械を壊す前に別れの杯を捧げたいと、酒を持って来たのだそうです。そして、ともに働いた「愛機」たち一つ一つにお酒をかけていったそうです。この光景に目を見張り、衝撃を受けたと、その元通産省の方が何かの話の折に語ってくれました。私にとっても強く印象に残る話でした。

朝鮮戦争で生まれた需要

米国に嫌われるほどに繊維産業が大いに栄える契機となったのは朝鮮戦争でした。そして、この時に再興された産業が現在の防衛産業へと繋がっていきます。

当時、米国などから日本への繊維製品・機械金属の受注が急増し、輸出も増加しました。「糸ヘン景気・金ヘン景気」と呼ばれた時代です。この時、米軍装備の修理や弾薬製造などの必要性も高まり、閉ざされていた防衛事業の現場も再開することになります。

戦前の兵器産業は終戦と同時に何もかも失い、工場の敷地に畑を作ったり、生活用品の製造などに転換したりしていました。なんであれとにかく仕事を見つけ、糊口を凌ぐしかなかったのです。戦艦「武蔵」や零式艦上戦闘機「零戦」を産出した旧三菱重工すら例外ではなく、ナベ、カマ、弁当箱、くぎ抜き、トラック、冷蔵庫、自転車……など手あたり次第に製造する日々が続いたといいます。

それが1950年の朝鮮戦争勃発で米軍からのニーズが生まれ、その後、自衛隊の前身である警察予備隊発足に伴い、米国からの無償貸与装備品の維持整備などの必要性が生じました。連合軍の命令により全ての機械の破壊と図面の焼却処分を命じられていた企業は、密かに一部の図面を天井裏に隠したり、わずかでも資材を地中に埋めたりして、多少は再開に備えていたようですが、図面や機械の大半は失われていました。最も大きかったのはやはり「技術」で、終戦からの空白を埋めようとかつての従業員を呼び寄せて再開しようとしたものの、技術を蘇らせるのには相当な苦労をしたと、どの企業も社史などで振り返っています。

二の足を踏んだ企業

戦後、公職追放になっていた元陸海軍の技術士官たちも、徐々に自衛隊に入隊するようになっていきました。私はそうした人たちが戦後の防衛技術再興には欠かせないキーマンだったのだろうと想像していますが、いずれにしても当初は「国産装備を再び」などと口にするのは憚られたことでしょう。なにしろ、占領軍から全てを焼き捨てろと命じられていたわけですから、米国から睨まれないように、かなり神経を尖らせていたはずです。日本の繊維産業などが急激に力を持ち、米国経済を脅かす様子を横目に見ながら、日本の防衛装備は慎重に再出発したのです。

警察予備隊は自衛隊となり、しばらくは米軍からの「お下がり」装備を使っていました。そのうちに、自分たちでそれらを修理・整備したいと米側に働きかけ、それがうまくいくと、その次にはライセンス国産（ラ国）も許してもらうよう要請します。米国は敗戦国にそんなことを許してよいものかと疑心暗鬼だったようですが、意外にもこれを許可しました。こうして、日本は本格的に防衛生産・技術基盤を再構築することになります。

国産装備作りを再び！という、おそらく喜びに溢れる思いを胸に秘めていたであろう旧軍出身の装備担当者たちは、かつての兵器工場を訪れます。しかし、期待とは裏腹に、再稼働の打診に対する反応は一様に後ろ向きだったといいます。

それにはいくつかの理由がありました。当時すでに多くの日本人が戦争に対する嫌悪感、罪悪感を持つようになっていたので、兵器を製造すれば国民の反感を買うことになることは必至でした。企業はそれに二の足を踏んだのです。また、輸出ができず、自衛隊のためにのみ作るという少量生産では、利益もそれほど出ません。敗戦から這い上がってきた中で、そのような事業を新たに設備投資してまで始める動機はどこにもなかったのです。

そこで考え出されたのが、「原価計算方式」という価格の決め方により、企業に損をさせないよう一定の利益を保証するという制度です。自衛隊以外のマーケットが存在しない防衛装備品製造であっても、「安定収入」を約束することで、企業に防衛事業への参入を促したのです。

利益を保証するはずだった原価計算方式が企業の足かせに

このようにして復活を図った戦後の防衛装備製造ですが、いつの間にかこの原価計算方式という「企業に損をさせない」ための制度が「企業が損をする」ものに変わっていったのです。なぜなら、朝鮮戦争の頃と比べて物価も人件費も大きく変わっているにもかかわらず、原価計算方式ではその変化をほとんど考慮しなかったからです。

原価計算方式では、装備品の製造で実際に必要となる費用を積み上げた原価に、適正利益を加算して計算します。必要なコストを一つ一つ積み上げて計上し価格を計算することになるため、発注する防衛省側にとっては、防衛装備品の価格の妥当性を容易に説明できるというメリットがあります。

ただ、企業側にとっては問題が多いのです。研究開発や量産初期の段階にあるものは契約を締結する段階で原価を確定することが困難なため、はじめに予定価格を決めはするものの、契約履行完了の前後に改めて実際にかかった原価（実質原価）を確認します。その際に実質原価が当初予定していた額よりも少なくなり、企業の受け取る利益が大きくなった場合は、その利益分を「超過利益」として減額、返納しなければならない「原価監査付契約」という形態をとっているからです。企業側が経費節減努力をしても、その利益は企業に還元されないのであれば、企業に経費節減のインセンティブが働きません。

一方で、予定よりも工数（工員の人数と作業時間の積によって算出される作業量）が増えてしまい、実質原価が当初予定した原価を上回った場合には、その超過額が補塡される制度はありません。原材料費の高騰などがあれば契約内容を変更することになっているとはいえ、それがいつも実行されているとは言えず、実質的なコスト増は企業側が負担せざるを得ない場合がほとんどなのです。

増えた工数がなかなか認められないのは、試験のやり直しなど、原因が官民のどちら側にあるのか判断が難しいものが多いという理由もあります。

いびつな関係

「日本の防衛産業を活性化すべき」などの声は聞かれるようになりましたが、そもそもこのように契約制度に色々な問題があるのに、そこは見ないフリをして武器輸出だ技術革新だスタートアップ企業の参入だ……などという威勢の良い言葉が躍っているのを見ると、あまりに現実離れしていてつい冷めた気持ちになってしまいます。

原価計算方式で利益の上限が決まっており、逆に想定外の追加コストが発生した場合は企業側が利益から捻出して負担しているのですから、利益の悪化が常態化するのは当然です。それで、撤退企業が相次いでいるのです。こんな状態では新たな研究開発や設備投資に乗り出せるはずがありません。受けの良いキャッチフレーズではなく、防衛事業の継続を株主が納得するような施策を出さなければ無意味なのです。

防衛産業政策を概観すると、製造側の要望と、官側や政治サイドの打ち出しているものは必ずしも１００％マッチしていません。

国民の税金が使われる以上、そう簡単に企業の望む通りにするわけにいかないことは十分承知しています。ただ、例えば「納期遅延」などのルールに関して、企業側は納期を厳守するために常に必死になっていますが、それが本当に良い仕事につながっているのか疑問です。昨今の半導体供給の不足から、生産が遅れたり、開発・生産コストが増加するなどの事態が生じているといい、これらに関しては少しずつ改善されているようですが、多大な延納金によって企業を痛めることのないよう一層柔軟な対策を期待します。

また、自然災害によって影響を受けた場合は配慮されるとはいうものの、企業側の落ち度がない形で製造現場が何らかの事故に巻き込まれた場合でも納期を厳守しなければならないなど、まだまだ改善の余地はあるように思います。

工場や輸送途中で事故に見舞われたケースでも、企業は「ならぬものはならぬ」と突き放され、多額の違約金を払っているのが実情のようです。

これまで適正な利益を得られていなかった

最近、航空機産業の分野で操縦席のコックピットディスプレイなどを手がけている島津製作所が防衛事業から撤退するのではないかと噂になりました。同社は否定しているようですが、事実として採算が合わない防衛事業は資源配分の順位が最も低い「再編事業」に位置付けられているようです。おそらく、島津のように報じられていなくても、撤退を考えている企業は数多いと考えられます。

こうした撤退がこれ以上続かないよう、国も対策に乗り出そうとしていますが、それが効力を発揮できるのか、スピードが追いつくのか、気になるところです。

そうした中、2023年に政府が「防衛生産基盤強化法」を成立させ、そこに様々な画期的な施策を盛り込んだことは朗報でした。中でも注目を集めたのが「利益率アップ」の取り組みです。

「利益率アップ」というと、いかにも企業に儲けさせるような印象を与えますが、防衛装備庁が表現しているように、目指しているのは企業の「適正な利益の確保」です。それは「ＱＣＤ」という評価によって行われることになります。

装備品は数年にわたり製造されるため、これまでのような価格の決め方ではその期間に生じた物価の変動や、インフレなど経済状況の変化による損失は補塡されませんでした。そこで、２０２３年度からは新たな制度を導入しました。

まず、品質管理（Quality）、コスト管理（Cost）、納期管理（Delivery）を評価し企業努力を利益率に反映するもの、そして、見積もりができないコスト上昇分などを支払う仕組みです。これら全てが評価されると最大で15％の利益率になるということで大きく報じられ、防衛産業にビジネスチャンス到来といった見出しまでが躍ったことに最も驚いているのは防衛産業関係者たちでした。これは、これまで認められず、企業の持ち出しになっていた部分を「評価する」制度が始まるのであり、しかもかならずしも全てが認められるわけではないことは言うまでもありません。

利益率については従来の目安は8％となっていたはずですが、予期せぬ事故や部品価格高騰などでコストが増加し、実質は3％以下しかなかったことが明らかになっていました。「利益率アップ」といいますが、かかった経費を払うのは当たり前です。

「ＱＣＤ」評価はかなり細かく数多くの項目があり、その評価点に基づいて「利益率」が決まるため、例えば品質に関する計画はどうなっているかとか、教育はどのようにしているかなど、これまでは納入品そのものの質にだけ集中すればよかったものが、かえって企業の作業負担を増やしている側面もありそうです。

マンパワーを持っている大きな企業はいいかもしれませんが、人の少ない工場などでは余計な仕事を増やすことにもなりかねない気もします。大企業が助かり中小企業が苦しくなっては本来の目的と逆行しますので、そのあたりは今後の課題となりそうです。

一方で、国債で買うことの多い装備品は材料価格高騰を価格に転嫁できなかったため、コスト変動に対応できるようになったのはよかったと思います。

いずれにしても、今回の改善策については賛成する人も反対する人も装備庁の説明をしっかり理解し、内容を冷静に受け止めるべきです。

大事なのは「可動率」

それから、これも軍事や自衛隊をよく知らないで防衛産業を語ると抜け落ちる点なのですが、わが国の防衛産業を語る際に忘れてはならないのが、「可動率」、つまり装備のうちどれくらいが実際に使えるのか、という視点です。

私は「可動率の確保」こそが最も大事だと言っていいと思っています。どんなに良い装備を買ってもいざという時に使えなければ全く意味がないのです。

ウクライナについて語られる際も、どんな装備が提供されたかが論点になっていますが、現在、実際にはＮＡＴＯ諸国による支援は装備品の供与から修理が主になっていると聞きます。

装備品は傷つきやすく、壊れやすい。これは、平和な環境で暮らす私たちがすぐに想像できないことですが、忘れてはならない装備品の特性なのです。

まして、日本の自衛隊には様々な制約があります。憲法の限界、予算の限界、人員の限界……そうしたハンディのある中でも精強性を維持してきたのは、自衛隊の装備が世界でも突出した「高可動率を誇ってきた」からだと言っていいでしょう。そして、高可動率を維持できたのは、もちろん自衛隊の整備能力の高さによるところは言うまでもありませんが、やはり国内企業の力が非常に大きかったのです。

防衛産業はただ物を作って売るだけの存在ではない、まさに運用者と一心同体でなくてはならないということを思い知らされます。そう考えると、にわかに言われるようになった「日本の防衛産業にビジネスチャンスを」的な掛け声は、当事者である防衛産業の人たちにはピンとこない、心に響かないもののような気がしてなりません。「可動率維持の守り神」であり続けて欲しいという姿勢を示したほうがいいのではないでしょうか。そもそも儲けてもらうにしては、入札時の価格がすでに低すぎるのですから。

第4章　装備品の調達に競争入札は馴染まない

「過大請求事案」がなぜ繰り返されるのか

これまで防衛省に対する「過大請求事案」で摘発され、指名停止などの処分を受けた企業が数多くあります。撤退が噂される島津製作所もその一つでした。

目標工数が設定されているため、実績工数が目標を上回ってしまった場合は、その分を別の契約の赤字案件に付け替えることで相殺する。「過大請求」の実際は、こうした帳尻合わせがほとんどです。企業内では赤字事業は社内的に継続が難しくなるため、そうではないと見せるために調整が必要になったケースが多いようです。そのため、「過大請求」は社内ではむしろ防衛事業を継続させるための努力だったという意識が強く、不正行為という認識はなかったといいます。

なぜ、赤字を隠してまで事業を継続させようとしたのか？　それは自衛隊の可動率を維持するため、つまり自衛隊が困らないようにです。つまり、彼らの責任感の強さが、こうした事案を生んでしまうのです。責任を感じない人たちならあっさりと事業から手を引くのでしょうが、責任感が強いほど、なんとかして事業を継続する道を模索してしまうのだと考えられます。しかし、結果的に指名停止となれば、自衛隊の運用にも大きな支障が出てしまい、かえって悪影響を与えてしまうことになるのです。

この悪循環は繰り返されてきましたが、それなのに制度上の問題を解決させることなく、工数の付け替えが摘発されればその企業が一定期間指名停止となって、多額の違約金を納入しておしまいにする、ということで済まされてきました。こうした違約金はこれまでで合計数千億円にのぼるとみられますが、全て国庫に入っています。

制度が悪いと皆が分かっているのに、そこには手を付けずに企業から億単位の違約金を召し上げる。企業はその損失だけでなく、「不正をはたらいた」との報道による世間からの風当たり（採用や株価への影響もあるでしょう）も被り、企業を痛め傷つけている仕組みは改善されない……。そんな現実を知れば、防衛関連企業の事業撤退はまったく合理的な決断であると納得させられるのです。

競争入札は装備品の調達には馴染まない

防衛装備の調達においては様々な施策を試みようとしていますが、どれも決定打にならないのは、根本にある競争入札制度が変わらないからです。

防衛省と企業が何らかの装備開発を進めてきても装備品の導入時に、いきなり他企業が参入して競争入札になり、安値での落札を余儀なくされる、という事例が多々あります。こうなると企業としては、自衛官と国の将来を思って開発を進めるなどということはできなくなってしまいます。多額の投資を自社でしても、それが装備となって採用されて費用が回収できる見込みがないのであれば、自衛隊向けの研究開発など会社が到底許さないでしょう。

もし、最初に受注できたとしても、その後の契約でも毎年入札となるため、常に失注のおそれがある上に、毎回の手続きにかかる労力とコストも無視できません。当初、共同開発を持ちかけた防衛省・自衛隊サイドの人はすでに異動になっているでしょうから、よもや自身が「結婚詐欺師」のようになってしまったとは思っていないはずです。しかし、客観的に見ると無自覚な詐欺のようなものです。これは構造的な問題なのです。過去に起きた調達に関わる様々な不祥事が競争入札の導入を加速させてしまったのですが、このことは日本の防衛力を著しく弱めてしまっていると私は思います。過去の不正事案に縛られ続け、随意契約＝悪といったイメージが定着してしまっているのがまことに残念です。

もちろん、民生品に近いものは競争入札が適切ですが、特殊技術が求められるものは、随意契約にすることで、質の向上や手続きの簡素化が期待できます。現在の安全保障環境をふまえた「防衛力の抜本的強化」にも大きく貢献できるのではないでしょうか。結果的に随意契約になるケースもありますが、価格競争からスタートするために落札時の価格が低すぎるのです。

現在は総合評価落札方式を取り入れ、価格以外の要素も評価するようになるなど改善が進んでいますが、企業の開発能力や製造体制の維持能力、ライフサイクルコストなど、もっと長期的な視点で評価されるようになればより良いものになるはずです。

現場にも影響している安物買い

平成18年度以降の一般競争入札の拡大によって粗悪な装備品が導入され、自衛隊の部隊にも悪影響が生じています。災害派遣の現場で隊員たちが手袋をはずすと手が緑色になっていて驚き、雨に濡れた手袋が色落ちしていたことが分かったとか、安いバッテリーが倉庫で発火したとか、公表されていない事例が多数あるようです。表立って言えないのは当然で、すでに納入されたこうした不良品が使い物にならないとなったら再公募しなければならず、ダブルコストになってしまうからです。

加えて言えば、前回すでに安値で落札された物はそれ以上の価格に設定できないため、入札が不調となることもあります。そうなると結局、以前から付き合いのある企業に泣きつくしかありません。すると、そうした企業は「赤字受注」を引き受けるのです。

耳を疑うのは、入札の競争性を確保するために仕様を簡素化していることです。細かくオーダーすれば作れる会社は限られるからなのだそうですが、これでは隊員の安全を担保できない可能性があります。また、不良品に税金を投じることにもなりかねず、本末転倒以外のなにものでもありません。

運用の現場でも、導入当初はA社から購入した部品が、次の入札でB社の製品となり、その次はC社に……などということが起きており、現場では維持・整備が煩雑となり非常に迷惑しているといいます。

1回だけ安値で落札し、結局できなくなって放棄する「取り逃げ」も起きています。

採用する側も引き受ける側も無責任極まりないと言わざるを得ませんが、そのツケもやはり、従来からの製造企業が引き受けています。ある老舗企業を訪れた際、このように他社の安値落札で奪われたのと同じ部品を倉庫に大事に保管しているのを知りました。「うちにまた助けを求めてくるかもしれませんから……」と語るその会社の人の健気さに心底驚くとともに、なぜ日本の装備行政はこのような人たちをなおざりにしているのかと、憤りを禁じ得ませんでした。

装備品調達の競争性・透明性を重んじるあまり、おかしなことになっているのは疑いようのない事実です。また、公募する際にホームページなどで仕様を発表していますが、これも自衛隊の能力をわざわざ白日の下に晒すようなものなので、自衛官の安全を著しく損なう危険性があります。

みんなで力を合わせていた艦艇建造も「競争」の対象に

わが国の護衛艦など艦艇建造は1998年度まで「長官指示」によって進められてきました。「長官」とは「防衛庁長官」を指し、海上自衛隊艦艇の建造は、この「長官指示」という受注を希望する造船所の能力や価格などさまざまな条件を精査して決定する方式がとられてきたのです。

しかし、調達改革によりこの制度も廃止され、競争入札制度に変わりました。「長官指示」は、あくまで技術審査の結果を長官に報告し、それを長官が最終的に承認しているにすぎなかったのですが「長官指示」というネーミングに、いかにも防衛庁長官が恣意的に決めているかのような響きがあったようです。結局、「長官指示」の意義について説明が尽くされることはなく、艦艇建造においても競争入札制度が始まり、その基盤の崩壊が進んでいくことになりました。

他の装備品同様、護衛艦も一見して民間の船と同じように見えるかもしれませんが、実際には全くの別物です。最も大きな特徴は「ダメージコントロール」で、これは被弾、被曝、被雷、触雷しても戦闘を継続できる能力のことです。艦が損傷して火災が発生する事態でも、船員は戦い続ける必要があるからです。ここが海上保安庁の船との最大の違いと言えます。そんな船を作れる会社は限られているのです。

かつては、1番艦はA社、2番艦はB社と国策で決められていたため、各社の知恵と技術を出し合って世界一の護衛艦建造を目指していたといいますが、いまや互いに商売敵になってしまったために、会話もできなくなってしまったといいます。このように競争入札は技術の向上も望めないばかりか、部品の調達も困難にしています。また建造に着手する年に一発勝負の入札をするため、材料や大型設備などの事前準備や、まとめ買いによるコスト削減ができないのです。

かつてイギリスで、通常は10年はかかると言われる艦艇の建造を5年やそこらでやってのける日本に対し羨望の声が上がったそうです。日本を見倣うべきではないかと言われていたそうですが、実際には日本でも5年きっかりで出来上がるものではありません。技術者が海外で事前に勉強をしたり、設備等の準備をしたりして、ある種の「フライング」をして受注に備えているからこそ、それが可能になっているのです。

陸上装備でも熾烈な争い

2019年2月に、コマツの陸上自衛隊車両の新規開発事業からの撤退が報じられました。自衛隊にとってコマツは車両だけでなく、榴《りゅう》弾や戦車砲弾を製造する弾薬メーカーでもあります。弾薬は継続するとはいえ、私たちのよく知っているあの重機や車両メーカーとしてのプライドを考えれば、今後、新たな車両開発を行わないというのは大きな決断です。

これは、陸上自衛隊の96式装輪装甲車（WAPC = Wheeled Armored Personnel Carrier）の後継車をめぐる争いが発端でした。この車両をコマツが受注したのですが、試験車両で耐弾性能を満たさなかったのです。そのため開発を断念しました。

コマツの受注はそもそも大きな賭けに見えました。三菱重工との競争となり、破格の安値で落札したと言われています。その予算内で要求性能を満たすべく相当な無理が生じたことは想像に難くありません。しかし、同社としても製造ラインの維持など、どうしても受注しなければならない理由があったのだと思われます。

この案件はその後、競争相手だった三菱重工が受注することになるのかと思いきや、三菱重工とフィンランドの総合防衛企業パトリアとの競争入札で２０２２年にパトリアのＡＭＶＸＰ８×８が採用されるとされ、さらに２０２３年９月には日本製鋼所がラ国を行うことが発表されるという、誰も予想しなかった動きになっています。

それにしてもこの激しい競争劇で陸上自衛隊の装備計画に遅れが生じていると考えれば、競争入札による低価格競争は自衛隊の機能不全をも招いてしまっていると言えると思います。

第5章　軍事技術こそ「技術立国」の基礎である

技術はすべてデュアルユースが基本

最近、「デュアルユース」（DU）という言葉が独り歩きしているように感じます。日本学術会議に関して報道される度にこれがキーワードになっているようですが「DUを進めなくてはならない」とか「DUで科学者が戦争に加担させられる」とか、いずれにしても物議を醸す言葉になってしまっているのは残念です。

DUは「民生用にも軍事用にも適用できる技術」という意味ですが、すでに日用品に転用されていてDUなどと意識せずに使っているものも多々あります。軍事のために研究・開発されたものが民生品となる「スピン・オフ」、またその逆の「スピン・オン」は数え上げたらキリがありません。技術についてはもはや「軍」か「民」かの区別をすることはできない、というのが当たり前の認識となってきています。

「軍事と関係があるもの」=「よくないもの」として避ければ、世の中のどれだけのものを排除しなくてはならないのか計り知れません。例えば家庭で使われているラップは、そもそも銃や弾薬の保存用に作られたのが始まりです。お掃除ロボット「ルンバ」は地雷探査技術が民生品化されたものです。

日本学術会議を巡る問題が起きた時、いかにも政府が日本の防衛力向上のためにDUの研究を学術界に強要しているかのような構図で報道されることがありましたが、私たちの周りのあらゆる技術がDUたり得ることを学者の先生たちが知らないはずはありません。実際に、最近は「単純に二分することはもはや困難」との表明もしていて、それだけに、学術会議の軍事に対するあの拒絶反応には解せないものがあります。

学術会議の起源

日本学術会議は1949年、GHQが占領政策を進める中で発足しました。この時代は国の発展につながる全ての研究が禁止されていましたので、同会議が日本の軍事力を根こそぎ奪おうとした占領政策に追随したのは自然な流れでした。

しかし、それだけにとどまらず、冷戦期になると共産主義の影響力が及び、左傾化が著しくなります。日本の戦後は、占領軍による徹底的な国民の無力化のみならず、様々な重要分野に共産主義の影響が及んでいたことを、いま日本が抱える様々な問題を考える上で見落としてはなりません。

近年、経済安全保障の重要性が急速に認識されるようになり、日本のどこに安全保障上重要な、また国の発展につながるような技術が存在するのかを掌握することが急務となっていますが、学術界についてはこれまで「学問の自由」という理由で、国立大学であっても国が介入することができていませんでした。これを行うとすれば所管は文科省ということになりますが、文科省は海外への技術流出の有無や外国人の影響力浸透などを調べることはできません。どんなに北朝鮮への制裁を科しても、どんなに対中国規制を作っても、大学を通じて技術や情報が漏れ出ていく懸念は拭えないわけです。

国民の税金が国立大学でどのような研究に使われているのかを知り、それを国の発展に結びつけると同時に社会に貢献してもらおうと考えるのは、政府の立場から言えば本来、ごく自然な発想でしょう。しかし、国への貢献を言い出した途端に、学術会議は猛反発しました。

防衛省からの呼びかけに猛反発

2015年に防衛装備庁は「安全保障技術研究推進制度」を立ち上げました。これは、将来、防衛分野で役立ちそうな基礎研究に資金を提供するというもので、かねてより問題視されていた「産官学」の連携ができていない実情を解消しようという試みでした。しかし、日本学術会議はこれを拒否、1950年に出した「戦争を目的とする科学研究には絶対従わない」という声明と、1967年の「軍事目的のための科学研究を行わない」という声明を改めて出したのです。

気になるのは、防衛省の呼びかけ＝戦争、軍事目的、というステレオタイプの理解をしていることです。装備庁は「将来的に防衛分野での活用を期待できる」あくまで「基礎研究」としているのに、です。

同会議の組織率は低下しているとはいえ、この声明が見えない圧力となり、助成を辞退したり、応募を躊躇する大学が相次ぐことになりました。装備庁の資金提供に応募したいと考えた研究者もたくさんいたはずです。装備庁の制度により「学問の自由」を奪われると反発する学術会議は、結果的に研究者の「学問の自由」を奪ってしまったのです。

この背景には、助成制度のコンセプトよりも、防衛省から資金を得ること自体に対する嫌悪感があるようにも見えます。

海外で、ある研究に携わった研究者に対し、その研究費には軍事費が拠出されていたことが分かると道義的責任を問う声があがったという話も聞いたことがあり、装備庁の制度も「お金の出所」が気に入らないのではないかと考えられます。自衛隊を毛嫌いし、防衛省が関わる取り組みにはいっさい関わりたくない、ということなのだと思います。

不十分だった研究・開発費

「学術界の協力なしでは防衛技術は成り立たない」とか「防衛省や防衛産業の開発力が低下しているので学術界の助けを借りる」などと言われることもありますが、これらの見方には誤解があると思います。

敗戦後あらゆる軍事研究を禁止されたわが国では、国産の防衛装備品開発は防衛省の技術研究本部（現在は防衛装備庁）と防衛産業に属する企業が担ってきました。いわゆる「ミル（ミリタリー）スペック」という軍事特有の装備品に仕上げるノウハウを持っているのは、この両者しかないのです。DUであっても、実際に軍事で使われるものにするためには厳格な要求がなされるので、民生品と全く同じものではないのです。

そして、その技術開発には防衛産業が欠かせない存在です。つまり「軍事」というハイレベルな境地に到達させるためには、最後は防衛省と企業が責任を負うことになるのです。学術界の協力がなければ能力が足りないということはありません。

ただ、企業による防衛ニーズを先取りした先進分野の研究開発は、リーマンショック後には低調にならざるを得ませんでした。いずれ事業につながるならともかく、先が見えないものに対して、ほとんど自腹を切るような形で資金と労力を注ぐことに社内の理解が得られるはずもありません。また、従来の自衛隊装備品の開発は防衛省の研究機関と防衛産業によって、陸海空自衛隊それぞれのニーズを受ける形で行われてきたことから、その枠を飛び出すような自由な発想が生まれにくいことは課題でした。そうした状況から、産官学の連携強化の必要性が言われるようになったのです。

では、これまで防衛分野の研究・開発にどれだけの力が注がれてきたかといえば、非常にお寒いものでした。防衛費における研究・開発費はわずか約3％です。これまで十分な投資をしていなかったのに、開発能力が不足しているからアカデミアの力が必要だというのは、明らかにおかしな話です。

今まさに強化しようとしているスタンドオフ・ミサイルや無人機、水陸両用装備、火薬を使わず電磁力で弾を打ち出すレールガンなど、防衛分野の多くの研究・開発は、これまで企業が自主的に着手していたものばかりです。しかし十分な予算が付与されてこなかったのです。

装備庁の助成制度は、学界に装備開発に対する助けを求めるということではなく、日本全体の技術力の底上げに防衛予算から支援をするものであることを、正しく理解しておく必要があります。

あらゆる技術開発をカバーする「ペンタゴンの頭脳」

米国では国防総省の中に国防高等研究計画局（Defense Advanced Research Projects Agency＝DARPA）があります。これは軍事関連の技術開発を国全体で強化し、スピン・オフさせて民生分野に広げていく取り組みを担う組織です。インターネットもＧＰＳもこのＤＡＲＰＡから生まれたとされます。「ペンタゴンの頭脳」の異名を取るにふさわしい軍事への貢献のみならず、産業や生活への恩恵も大きいのです。

ＤＡＲＰＡは国防総省の組織ではあっても大統領と国防長官の直轄組織となっていて、

国防総省から細かい干渉を受けないのも大きな特徴です。そのため、将来の必要性を見据えるという名目で、自由な発想での研究に資金が投じられているといいます。リターンがなくても協力を得られるため、研究者たちがのびのびと研究に打ち込める環境なのです。

新型コロナに対するワクチン開発でも米国が速やかに行えたのは、このＤＡＲＰＡが以前からワクチン研究を行っている大学やベンチャー企業を支援していたことが大きかったといいます。トランプ政権の大号令で着手されたワクチン開発プロジェクト「ワープ・スピード作戦」は官民共同により急ピッチで進められ、そこにはＤＡＲＰＡがなくてはならない存在だったのです。言うまでもなく、ワクチン開発は生物化学兵器対策であり「デュアルユース」という位置づけです。

他にも米国には軍と民間技術を繋ぐ色々な機関があります。中でも注目されているのは２０１５年にシリコンバレーで設立された「国防イノベーションユニット（Defense Innovation Unit ＝ DIU）」です。このＤＩＵの拠点は米国内で5つまで広がっていて、そこでは「F35に随伴できる高速無人機『忠実なウイングマン』」であるとか「調達プロセスの前に問題を評価・修正できるシステム」「脳の活動を活性化して能力を高めるヘッドギヤ」などといったユニークな研究が行われているのです。

「八木アンテナ」の悲劇

日本は技術立国だと言われていましたが、その実力を発揮させないようにするのは簡単なことだったようです。技術と軍事、技術と経済の繋がりを切断する、つまりは「技術報國」に逆行させればいいわけです。その意味で、戦後の占領政策は大成功しました。

実は、わが国は戦前からこの連携が良くありませんでした。「八木アンテナ」のエピソードは、ご存じの方もいるかも知れません。1925年に八木秀次氏が発明した指向性アンテナは、世界に先駆けた技術でした。八木氏は私財を投じ特許を取得したものの、日本では全く認められませんでした。そのうちに八木アンテナの特許は切れてしまい、国は八木氏の技術の重要性を理解しないだけでなく、特許の延長すら認められなかったのです。

しかし、この技術が世界に秀でたものであったことは、後に分かります。先の大戦で米英はレーダーを駆使する一方、日本はそれが使えず、「技術格差」によって敗れたかのように見えますが、米英が使っていたレーダーは実は八木アンテナの技術から生まれたものだったのです。八木氏の論文は海外で認められ、米英ではそれを基に研究開発を進め、速やかに実戦配備したのです。日本では帝国陸海軍ともこの価値に気付かず「敵に電波を出すことなど闇夜に提灯でこちらの位置を知らせるようなものだ」と一蹴したと言われます。

因みに、当時は陸海軍それぞれでレーダーの研究・開発に取り組んでいたようですが、互いの情報を出すこともなく全てを秘匿し、連携などほど遠い関係だったため、そのうちに米英に先を越されてしまったのです。日本がシンガポールを占領した際、押収したイギリスの資料に「ＹＡＧＩ」という文字があり、単語の意味が分からなかった通訳者が「このＹＡＧＩとは何なのだ！」と捕虜に問いただすと「日本人なのに、八木のことを知らないのか！」と驚かれたという逸話もあります。

米国では当時、大統領直属のプロジェクトチームを立ち上げて、全土から人材を集め軍事に使える研究開発を進めていました。「ワープ・スピード作戦」と同じことがすでにこの時代でも行われていたのです。

日本では、あの人は海軍の研究者だとか陸軍の専門家だとか言って、互いの領域を侵さないことが暗黙のルールになる風潮があります。一元的にとりまとめることが不得意です。また、その人の成果ではなく出身大学や経歴の方に重きが置かれる傾向は現在でも根強く残っているように思います。

さらに言えば、マイクロマネジメントが過ぎるところもあります。装備庁の助成制度もその点が嫌われた要因でもあったのですが、進行状況や成果を逐次報告しなければならないなど義務付けが多く、また失敗が許されないなど、大胆な発想を阻害する条件をつけがちです。防衛装備品の導入にあたっても「税金を使うのだから国民への説明を尽くさなくてはならない」という説が正論のようになっていますが、それが本当に国民の要求なのでしょうか。

国の平和と独立を維持し、国民が安心して暮らせるという結果を出すことが本来、国民の必要としていることだと考えれば、いかに批判されないかという事なかれ主義は、その国民の要求に適うものとは言えません。税金の使い方に目を光らせることは必要ではありますが、政治までが小役人的な思考では、日本はいつまでも「ワープ・スピード作戦」ができる国にはなれないでしょう。

第6章　技術は1日にしてならず

自衛隊員の「学問の自由」を拒否してきた大学

日本人がしなければならない「戦争の反省」というのは、科学技術を埋もれさせ、敵の手に渡してしまうような苦い経験を二度と繰り返さないことでしょう。その意味でも、菅義偉元首相が学術会議の6人の会員候補について任命拒否をしたことにより、日本学術会議とはどういう組織なのかが白日の下に晒される形となったのは、一定の意味があったと私は思っています。

留学生の状況も知る必要があります。トランプ政権の米国では留学生の個人情報を徹底調査し、その結果、中国人向けのビザ発給が45%減少したといいます。その米国に入国拒否された学生が日本に来ているとも言われています。

米国では外国企業などからの資金を一定額以上受け入れた場合は政府への報告が義務

付けられていて、そのため多くの大学が寄付の受け入れや共同研究を中止しているといいますが、日本には報告の制度すらなく、どのくらいの大学が外国からどのくらいの金銭を受け取り共同研究をしているのか、実態が分からないのです。

国家の科学技術予算約4兆円という、大きな影響力を持ちながら国の安全保障に協力しない——学術界にそんなことが許される時代ではなくなってきたのだと思います。現在の日本を取り巻く安全保障環境は、これまで色々な分野で平然と行われてきた、国の防衛に対するサボタージュを終焉させることになるのではないでしょうか。

尤も、自衛隊においては、学術界が非協力的であることはかねてよりよく知られていました。自衛隊では職務上の必要から隊員を大学院に進学させることがあるのですが、受験そのものを辞退するように求められた人が、昭和39年から46年までに延べ約50人にも及んだのです。中には、願書を送ってもそのまま返送されることもあったといいます。そのうちに自衛隊でもそういう事情に気づき始めたので、出願する大学自体を限定するようになり事例が表面化しませんでしたが、東大を筆頭に自衛官であることを理由に試験すら受けさせない大学が数多くあったのです。

最近は、自衛官ＯＢが大学で教鞭を執るケースも増えてきましたが、論文発表の際には「軍事研究でない」旨の承認を得た上で「民間研究○○」と名付けなければいけないのだそうです。

このように学術界による自衛隊嫌い、自衛隊いじめはあからさまに行なわれていて、その一方で中国人留学生は受け入れていますから、この現状が安全保障上の大きな問題であることは疑いの余地がありません。

外国からの資金援助はＯＫ！

学術会議は約87万人の科学者を代表する機関ですが、２１０人の会員などによって職務が担われていることを考えれば、これが科学者の総意であるとは思えません。

しかし中には、学術会議の方針を受け萎縮し、防衛装備庁の助成にはまだ消極的である一方、中国や米軍（米国は同盟国なのでまだましですが）からの支援は受けるという明かに国益に反することをしてしまっているケースも散見されます。おそらくほとんどは意識せずに、自由に研究ができるなら喜んで受けるという純粋な動機からのことなのでしょう。しかし、このことが知らず知らずに中国などの「力による現状変更」を試みようとしている国を助けていることになっているのですから、繰り返しになりますが、これはまさに安全保障問題そのものだと言えるのです。

２０２２年に経済安全保障推進法が成立しましたが、その背景には「経済的手段による外的脅威の顕在化」がありました。「エコノミック・ステイトクラフト」についてですでに述べたように、他国からの威圧に屈しないためには「戦略的な自律性」が極めて重要です。それだけでなく、日本が他国よりも秀でた技術を持てば、それがそのまま外交力となることは言うまでもありません。

そこで経済安保法の制定と同時に進められてきたのが「Ｋプログラム」です。これは「先端的な重要技術の開発支援に関する制度」の一環で、内閣府の主導という形になっています。皮肉なことですが、これなら防衛省ではないので参画しやすいかもしれません。

「Ｋプログラム」は日本が国際社会で確固たる地位を確保し続けるために不可欠な先端的な重要技術の研究開発を推進することを目的としています。具体的には「ＡＩ技術」「量子技術」「ロボット工学」「先端センサー技術」「先端エネルギー技術」の５つの技術と「海洋領域」「宇宙・航空領域」「領域横断・サイバー空間領域」「バイオ領域」の４つの領域に区分されています。「Ｋプログラム」では大学や企業、それも大手だけでなくスタートアップ企業や中小企業と、多様な技術者・研究者の参加を求めているのも特徴です。

岸田政権は「総合科学技術・イノベーション会議」を設置して「統合イノベーション戦略」を閣議決定し、Kプログラムも含め経済安保の施策を加速させています。国内の半導体製造が熊本や北海道で実現するのも朗報ですが、このような経済的自立や国産化の動きは、すでに世界各国で見られるものの、日本では、ようやく着手された段階であり、まだ泥縄式であることは否定できません。

他国に経済的な優位を取られてそれに屈することのないように、なんとか追いつかねばならないのが実態で、他国に秀でるまでには相当なリサーチ力と資金が必要になると思います。

希望が託された次期戦闘機共同開発GCAP

そうした中、日本は今、航空自衛隊F2戦闘機の後継として、イギリス・イタリアとともに次世代戦闘機の共同開発に乗り出しています。

航空自衛隊が現在保有しているF15が「第4世代機」、そしてステルス性や、より高い情報処理能力を持つＦ35は「第5世代機」、次なる共同開発戦闘機は「第6世代機」となります。

このプロジェクトは「ＧＣＡＰ（Global Combat Air Programme =グローバル戦闘航空プログラム）」と呼ばれ、Ｆ2が退役を始める２０３５年の導入を目途に進行中です。中心になるのはＢＡＥシステムズ（イギリス）、三菱重工（日本）、レオナルド（イタリア）の3社で、イギリスは現在持っているユーロファイター・タイフーンの後継機「テンペスト」の開発にあたり、イタリアと覚書（ＭＯＵ）を締結していたことから、そこに日本も参入した形です。Ｆ2の後継機と導入時期や期待性能が近かったことが大きな要因でした。

構想が持ち上がった当初、当然、米国との関係を懸念する声もあったようですが、米国はＧＣＡＰを支持、加えて日米による「自律型システムに関する重要な連携」を開始したことも共同発表し、空自の次期戦闘機運用構想である「無人機による戦闘支援システム」とのマッチングができたようです。

これまで米国機を使用してきた経緯からすれば、米国以外との共同開発には二の足を踏む要素が多かったと思いますが、米国機の場合は、機密情報が開示されない「ブラックボックス」が多いため、将来的に改修をするにも米政府の許可を必要とするという問題がありました。今後、スタンドオフ・ミサイルを整備するなど迅速な開発プロセスが予想される中で、そうした制限は大きな障壁になりますし、かかる時間や経費も予測不能です。技術の蓄積という意味では、イギリス、イタリアとの共同開発はいいニュースです。

かつて、米国のＦ16をベースにした日米共同開発という形でＦ２が誕生しましたが、米国の技術はブラックボックスだった一方で、日本は多くの技術を提供することになり、日本の軽量複合材技術がその後、Ｆ22やＦ35に使われていることはつとに有名です。そのようなトラウマが頭の片隅にあったかどうかは分かりませんが、ＧＣＡＰの場合は、改修の自由度があるということが大きな魅力になったと思われます。

ただ、これまで米国との関係１本できた空自にとっては、教育・訓練も補給も何もかも新たに立ち上げることになり、未知の世界への挑戦となります。同時に製造コストにはそれら新たな基盤構築、そのための人的交流なども含まれることも覚悟しなくてはなりません。運用の観点でも、Ｆ35に関わる人員とは完全に別にしなければならないでしょうから、空自の課題はこれから数多く出てくるものと考えられます。

共同開発した戦闘機を第三国に輸出できるか

この共同開発を巡っては、第三国への移転を認めるかどうかで自民・公明両党の協議が紛糾しました。

結局、歯止めを設けることで折り合い、具体的には「対象を次期戦闘機に限る」「輸出先は日本が装備移転の協定を結んでいる国に限る」「戦闘が行われていない国に限る」として、いずれも閣議決定を必要とすることになりました。

協定を結んでいる国は15ヵ国あり、アメリカ、イギリス、フランス、ドイツ、イタリア、スウェーデン、オーストラリア、インド、シンガポール、フィリピン、インドネシア、マレーシア、ベトナム、タイ、UAE（アラブ首長国連邦）となっています。

しかし、今回のごたごたで、日本は与党内の根回しもできない、面倒な国として、パートナーとしてふさわしくないと見なされかねません。

共同開発は高額過ぎる戦闘機開発のコストを抑えることが大きな動機であり、そのために輸出は欠かせない条件です。共同開発に参画するということは、輸出をすることが前提であり、共同開発はOKで輸出はNOということは普通はあり得ないものです。そのあたりの認識を確認しないまま対外的な協議を進めてきたなら、日本は今後、共同開発のパートナーにしたくない国になるように思います。

共同開発を成功させることは関係国の利害関係が複雑に絡み合い、実際には大変難しいものです。これまでも多くの国が国際共同開発を試みていますが、断念しているものも多々あります。運用要求や開発スケジュール、経費の分担、担当するパーツの決定、知財の帰属などなど、ニーズが全く同じということはあり得ず、その違いをいかに妥協していくかが成功のカギになります。

因みにＦ２戦闘機に採用されている日本の技術は様々な経済効果をもたらしています。フライ・バイ・ワイヤは自動車の運転制御システムに、フェイズド・アレイ・レーダーは高速道路のＥＴＣや車載用衝突防止レーダーなどに、一体成型複合材はボーイング７８７など民間機の複合材主翼に、チタンボルトは骨折した際の医療用補強チタンボルトにと、民生品にも多く転用されています。

こうした戦闘機開発は将来、様々な分野でその技術の恩恵が期待できます。さらに外交の観点でも、イギリス・イタリアとの関係はもちろん、輸出が実現すれば各相手国との安全保障上の関係も一気に構築できるというメリットもあります。

幻の「心神」

ところで、戦闘機開発と言えば、確か2010年頃かその前だったと記憶しますが、私は当時の防衛省技術研究本部などで長年にわたり研究を進めているという「先進技術実証機」について話を聞きに各所に出かけていたことがありました。

強烈に記憶しているのは、私が「『心神』の話を聞きたい」と口にすると、咄嗟に関係者の表情が変わったことです。

「あ、その名前は、ちょっと……」

と、何かを恐れるかのような反応でしたので、それ以来、私も「心神」は口にしてはいけない言葉なのだと思っていました。

「日の丸戦闘機の開発か⁉」と期待されていた「先進技術実証機」は、誰が呼んだか巷では「心神」と名付けられていました。

しかし、かつて国産を目指しながら共同開発の選択をせざるを得なかったF2の時に挫折を味わっただけに、関係者は皆、非常に強い警戒心を持っていました。事実、実証機は国内で様々な検証をした後、いよいよステルス性の性能試験を米国施設で行おうとし、施設の使用を打診したものの、拒否されました。結局、ステルス性の性能試験は、

2005年にフランス装備庁の電波暗室に実物大RCS（レーダー反射断面積）模型を持ち込み実施したのです。

「実証機」は、耐熱材料など日本の強みを生かしつつ高運動性を実現し、レーダーに探知されずに敵を捕捉できる優れたステルス性も確保したものでした。米国から下手に注目されないよう気を配りながら、関係者の努力により、その後2016年4月には名古屋〜岐阜間で初飛行に漕ぎつけ、30回以上の飛行試験を実施。IHI製の国産エンジンや機体のステルス性能を確認することに成功したのです。

それから年月が過ぎ、もはや「心神」の名前も知らない人も多くなっています。しかし、この時の実証実験の実績が、今進めようとしているイギリス・イタリアとの次期戦闘機国際共同開発に大きく役立っていると関係者は口を揃えます。「国産戦闘機を目指す」ということが同盟国にまで警戒され、その名前すら口にするのを憚られたかつての日本の事情を振り返れば、日本の立ち位置がいかに変化したかを改めて思い知らされます。

これは、それまでの自衛隊の努力の賜です。いまやわが国は、米国から同盟のパートナーとして信頼される国になったのです。同時に、それだけ近年の安全保障環境が厳しいものであることを物語っているとも言えます。

かつて零戦や戦艦大和を生んだ日本の「技術」が、再び世界の羨望の的になれるのかどうか、現在のところは全く分かりません。ただ一つ言えるのは、ようやく「心神」という名前を堂々と言える時が来た、ということです。

悲願の国産エンジン完成

この度の次期戦闘機共同開発では、日英伊の新しいトリオであることに加え、エンジンを日本のＩＨＩと英ロールス・ロイスが手掛けることになったことも画期的です。戦闘機のエンジンについては、これまでは日本の弱点だと言われていました。そんな中で、ＩＨＩが２０１８年に高い出力のＸＦ９－１エンジンの開発を成功させたことは朗報でした。かつて、Ｆ２が国産ではなく日米の共同開発になったのは、当時の日本に大出力エンジンの製造能力がなかったからだと言われていましたが、ＩＨＩは防衛省の技術研究本部とともに粛々と研究を進めていたのです。

ところで、日本のエンジン開発については、こんな逸話があります。

１９４４年４月、戦況が厳しくなっていた日本では、ジェットエンジンが熱望されるようになっていました。そんな中、ドイツの駐在武官であった巌谷《いわや》英一《えいいち》海軍技術中佐が、ターボジェットエンジンの図面を命からがら持ち帰っていたのです。

ドイツで入手した資料を2隻の潜水艦に搭載し、日本占領下のシンガポールに向かったものの、その途上で1隻が米駆逐艦に撃沈されてしまいます。巌谷中佐は残った伊号第29潜水艦でなんとかシンガポールにたどり着き、持てるだけの資料を抱え、空路で帰国したといいます。

しかし、蓋を開ければその中に設計図など肝心のものはなく、手がかりになりそうだったのは図面を撮影した写真だけでした。それを頼りに、技術者たちの作業が始まりました。そして苦労の末、とうとうわが国初のジェットエンジン開発の快挙を成し遂げたのは、海軍の種子島時休《たねがしまときやす》大佐でした。

種子島大佐は、薩摩藩種子島領主の末裔であり、戦国時代の「種子島銃」製造で知られる種子島時堯《ときたか》の子孫にあたる人物です。日本のジェットエンジン開発者が、あの鉄砲伝来の種子島の島主の末裔だったとは、それだけで歴史ドラマではありませんか。

空襲が相次ぐ中、種子島たち開発チームは本土への攻撃にさらされている国民を守るために、１日でも早くこのエンジンを作らねばならないと、昼夜を問わず作業に没頭します。そして、とうとうチームは、疎開先の養蚕小屋で日本初のジェットエンジン「ネ20」を完成させたのです。これは、ドイツやイギリスに続く実績で、米国をもリードする快挙でした。

種子島氏は後に、この時のことを振り返り「たった一枚の写真で充分であった」と、書き残しています。少年時代のあだ名は「テッポー」だった（2014年8月13日神奈川新聞より）という種子島大佐、そのリードによりわが国はテッポーの時代からジェットエンジンの時代に道を拓いたのです。こうして完成されたエンジン「ネ20」は、終戦間際には戦闘攻撃機「橘花《きっか》」に搭載されましたが試作で終戦を迎え、戦後は米軍により接収されています。

一方、陸軍でもジェットエンジン開発は進められていました。その「ネ130」は、疎開先の長野県松本市で開発が進められていましたが、その最中に小石か何かが圧縮機に紛れ込み、木っ端みじんに壊れたと言われています。しかし、これは米軍の接収を逃れるための作り話で、もしかしたら今でも松本の山の中に眠っているのではないか、との説もあります。

私はこの話を思い出す度に、陸海軍の確執やセクショナリズムがなければもっと早くエンジンが完成したのではないかと思っていましたが、一方で分散して開発を進めていたことによって片方を温存することに成功したのだとすれば、結果的には良い面もあったのかな……などと思ったりもしています。

この両エンジン製造の総指揮をとっていたのが、「メザシの土光さん」こと土光敏夫氏でした。土光氏は、どんなに苦しく困難な状況にあっても未来を見据え、石川島重工業（現ＩＨＩ）が日本のエンジン技術の総本山になるよう、しっかりと足場を固めていたのです。

成功は長い道のりの末に

このように見てみると、今さらながら、技術は1日にしてならずであること、数十年という忍耐強い挑戦であること、この「忍耐」こそが最大にして不可欠な要素であることを思い知らされるのです。また、そこには「技術報國」の精神、世のため人のために、という思いが欠かせないように思います。生きている間に努力が実るかどうかも定かでなく、何も評価を得ないまま死んでいく可能性もあるわけですから。

国家ぐるみで自国の技術力を勝負球にしようとするならば、そうした時間、年月に対する感覚から根本的に考え直さなくてはなりません。予算はその年度で使い切らなくてはならないとか、結果が出なければ税金のムダ遣いだとか、失敗したら世の中の誹りを受けるのではないか、などと気にしていたら、画期的な発明は期待できないでしょう。

2023年のノーベル賞受賞者には、米陸軍の研究室（Army Research Office ＝ ARO）が資金提供をしていた2人の科学者が含まれていたそうです。70年以上の歴史を持つAROでは、これまでに26人の研究者がノーベル賞に輝いているといいます。その一方で、全く日の目を見なかった研究も溢れていることでしょう。例えば、最近は「人間の心を読み取る技術」を開発しているといいますが、それが本当に実現するのかどうか、現時点では誰にも分かりません。

このような話を聞くにつけ、自由な発想を許容する風土、それを継続する忍耐強さ、これらを備えて初めて科学の力を国力として得ることができるのだと納得させられるのです。

第7章 「防衛産業を輸出で振興する」という幻想

自衛隊のジャン・バルジャンたち

たった一つのパンを盗んだ罪のために、20年近く投獄されることになったジャン・バルジャン。彼はフランスのヴィクトル・ユーゴーの小説『レ・ミゼラブル』の中の人物ですが、近年、自衛隊におけるジャン・バルジャンが多数報告されていることをご存じでしょうか。

例えば、2022年6月、航空自衛隊の入間基地で50代の1等空尉が懲戒処分を受けました。その理由は4月のある朝、234円を払い有料喫食をしていた同1尉が、パン2個かご飯1杯かのどちらかを選ばなくてはならないにもかかわらず、ご飯とパンの両方を取って、それを配膳係に見つかったことです。パンはその場で返却したということですが、同1尉は自らルール違反をした旨を申し出て、停職3日間の処分を受けたといいます。同1尉は「ご飯を少量に減らしたため、パンを取っても問題ないと思った。認識不足だった」とコメントしています。

また、空自那覇基地では「パンと納豆を規定量を超えて食べた」罪で、40代の航空救難団飛行群那覇救難隊の3佐が停職10日の処分を受けました。被害額は計175円とのこと。同3佐は複数回「不正に取った」といい、理由としては「配食の量が少なく感じたため、多く取った」ということです。

カレーをめぐる事案もあります。2022年3月、舞鶴の海上自衛隊第23航空隊所属の40代の防衛事務官の男性が支給対象外にもかかわらず、2年間にわたり毎週金曜日にカレーライスを食べ続けたとして、停職4日の懲戒処分になりました。

また海上自衛隊では、同じく対象外の部下がカレーを食べるのを黙認し、自らも食べていたとして、3人の幹部自衛官らが4日~5日の停職処分になっています。何らかの用事で他の部隊に行き、ちょうどお昼になったのでカレーを食べて行けばいいと提供した自衛官が横領で処分されたとも聞きます。

昔はおおらかだった食堂の規則が非常に厳格になり、事前に申し込みをした上で喫食代金を払っている隊員しか食堂で食事はできなくなっています。そのことを周知徹底するためにも、いわば見せしめ的に、こうして処分された人たちがわざわざ報じられているのではないかと思われます。これら以降も、同様の案件がしばしば公表されています。

どんなに些細なことであっても、自衛隊において処分を受けると、その影響は後々まで残ります。例えば、現役時代に処分を受けると、退官後に予備自衛官になれないとも言われています。こうしたルールの厳格化による影響は様々にあり、近年は記念行事に伴う祝賀会などのイベントに参加したがらず、実際に欠席する隊員もいるといいます。というのは、自身の所属部隊であっても、記念行事の祝賀会には会費を支払わなくてはならないからです。

しかし、彼らはそこで当然のように作業員になります。ほとんどが、やむを得ないと受け入れていますが、最近は会費支払いの義務化そのものを疑問視する若い人も多いのです。当たり前でしょう。

よく高官の方々が行事等に呼ばれて挨拶をするなどしていますが、これも自費で払っていて、将官ＯＢに聞いてみると、だいたい年間で数十万円の出費があるといいます。

こんながんじがらめで技術協力や装備移転ができるのか

ここで言いたかったのは、自衛隊がいかに厳しく管理されているかということです。数ある省庁の中でも多くのお金を使う防衛省・自衛隊は、常に納税者である国民の目を意識する必要があります（国民がこんな実態を望んでいるかどうかは分かりませんが）。

私はこうした実態を知るにつけ、イノベーションだゲームチェンジャーだというかけ声はいいのですが、実際にそれを行う組織がこのような萎縮した環境にあるのに、どのように冒険するのか、ということがいつも気になっているのです。

そしてこれは、装備移転についても同じことが言えるのではないでしょうか。自由度のない、従来の防衛費の枠組みの中では、できることには限界があります。国が先導し、進めなくてはならないと思いますし、それ以前に本当にその道に進むのかどうかという決断をする必要があると思います。そのためにも、装備品輸出の目的は何なのかを明確にし、かつしっかりとした共通認識を持つべきだと思うのですが、どうもその点が徹底していないように見えて仕方がありません。

最近、通訳の方を介して英語で日本の防衛産業についてお話する機会が時々ありますが、その際に必ず出る、「武器輸出3原則から防衛装備移転3原則になった」という話は、自分で話していてもわけがわからなくなります。「アームス　エクスポート」をやめて「イクイップメント　トランスファー」に変わりました、と聞いて容易に納得できるものでしょうか？　見直し後の「ソウビイテン」ってどういう意味？と問われれば「アームス　エクスポートです」と答えるしかありません。それじゃあ何も変わっていないの？ということになります。言葉としてエクスポートをやめたなら、輸出はできなくなったと普通は思うでしょう。でも日本では「武器輸出が解禁された」と言っているし、一体どうなっているんだ？ということになるのが普通の感覚でしょう。

「武器輸出３原則」は１９６７年に作られたもので、共産圏や紛争当事国への武器輸出を禁止したものでしたが、その後、全面的な禁輸ルールになった経緯があります。そのルールの名前が「武器禁輸の原則」とかなら分かりやすいのですが「武器輸出」というのですから、なんともややこしいではないですか。そもそもかつて日本は武器輸出をしていましたので、そのために作ったルールだったのですが、いつの間にか武器輸出は全てダメだと解釈してしまったことが複雑になった原因です。

さらに、「武器輸出」と「装備移転」って何が違うの？という疑問も出てきます。こうした日本語の使用は、日本ではよくあることで、その背景には「武器」という言葉を使えば国民の理解が得難いといった日本独特の考え方や、他の国のギラギラした武器輸出とは違うよという意志表示もあるのかもしれません。しかし、だとすれば、やはり日本はまだ武器輸出が盛んな他国のように、それによって国を栄えさせるつもりはない、それほどの強い意志はない、ということだと理解していいのではないでしょうか。

何のために輸出するのか

2014年、安倍政権は事実上の「武器禁輸」と解釈されてきた「武器輸出3原則」を見直し、新たな「防衛装備移転3原則」を策定しました。ただ、この背景や理由については今なお誤解も多いようです。

その文言をよく読むと「国際協調主義に基づく積極的平和主義の立場から、我が国の安全及びアジア太平洋地域の平和と安定を実現しつつ、国際社会の平和と安定及び繁栄の確保にこれまで以上に積極的に寄与していく」とあります。

つまり、安倍政権の「積極的平和主義」を具体化したものが、新たな「防衛装備移転3原則」です。わが国は平和のための防衛協力や国際貢献のために、必要な国に装備を提供するという方向性なのです。弱っている防衛産業を救うためではないのです。それなのに、いかにも防衛産業がこれですぐに儲かるかのような印象が広がってしまっています。

もちろん、日本の技術が外国で、それも友好国において、地域の安定のために役立つように活用されれば誇らしいことですし、日本の技術発展の糧にもなります。大いに推進できればいいと思います。しかし、現実として提供できるアイテムは限定的であり、渡す国もこちらが望んだ相手のみです。分かりやすく言えば「よりすぐりのお客さんに」「自分たちの選んだものだけを出す」ということです。

こんな商売があり得るのか、という気もしますが、とにかくこの独特の「日本モデル」を確立させて同志国との連携を強固なものにし、中国という今現在、力による現状変更を試みている大国に抗するのが真の目的であり、またそうあるべきなのでしょう。つまり、日本政府が進めようとしている「装備移転」というのは、それで国の経済を活性化させるとかいうものではなく、安全保障政策そのものなのです。この日本の安全保障政策に、一般企業にどのようにして協力してもらうか、というスタンスで考える必要があるのです。

こうした中、三菱電機が防衛装備品の製造体制強化のために２００億円超を投資すると発表し、話題になりました。同じ頃、わが国初の完成品輸出として、同社製の防空レーダー4基のフィリピンへの納入が始まったことも関係していると思います。これは2020年に契約が成立したもので、三菱電機の固定式警戒管制レーダー3基と移動式レーダー1基が輸出の対象となりました。

日本政府は、2023年4月に同志国軍支援の枠組み「政府安全保障能力強化支援」(OSA)を立ち上げていて、この枠組みの活用も期待されます。三菱電機の体制強化は大変良い動きだとは思うのですが、一方で三菱電機が率先してこのような投資をすることは、防衛産業の足並みが揃っていない、という見方もあります。

三菱電機ができるのだから他の企業も自主的に努力すべきだという声が出かねませんが、同社の前向きな取り組みはフィリピンとのレーダー契約が成立したからであり、日本の装備移転は国が全面的に推進すべき性質のものであることは変わりません。

自衛隊も企業も気乗り薄

かつて、防衛産業の皆さんに武器輸出についてどう考えているかと問うと、必ずと言っていいほど返ってきた言葉は「私たちはあくまでも自衛隊のためにやっているんです」というものでした。「外国軍のために？　とんでもないことです」と。

２０１４年に「３原則」が変わり、いきなり輸出を進めようと言われても戸惑うばかりのようでした。しかし、次第に政府の方針を受け、展示会への参加など少しずつ歩みを進めると、意外にもこんどは運用側、つまり自衛隊からの後ろ向きな反応に直面することが多いといいます。

企業の人たちが普段やりとりをしているのは主に現場の自衛官で、運用サイドにしてみれば、他国軍にその装備を出すという打診があったら心情は複雑です。「自衛隊の運用に支障はないのか」と疑念も湧くのでしょう。

述べてきたように、日本の防衛産業はこれまで「自衛隊ひとすじ」で、呼ばれれば夜中でも基地に飛んで行くような関係でしたので、その企業がよその国の軍に奉仕するなど心情的には嬉しくないことなのです。もちろん保秘の観点もあると思いますが。

そうなると、企業にとって最も大事なのは自衛隊ですから、輸出はやめようかということになってしまうケースが少なくないのです。自衛官も「輸出すれば単価が安くなり、我々が買いやすくなるだろうからいいことだ」などと言うのですが、いざ自分の使っている装備、付き合っている企業がそうなると、やはり心情的には受け入れがたいようです。

因みに「輸出向けに量産すれば安くなる」というのは希望的観測にすぎず、自衛隊用のスペックから輸出用に変更するために施設整備等の費用がかかるなど、企業は大きな投資を余儀なくされます。2016年に日本の潜水艦をオーストラリアに輸出しようとして、結果的にうまくいきませんでしたが、この時一番安心したのは海上自衛隊の関係者だったとも言われています。

これから装備移転を盛り上げようとしているのに、自衛隊は非協力的だという批判もあるようですが、これは自衛隊のような軍隊としては自然な反応でしょう。やはり装備移転は、企業ではなく国主導で行うということが明確に示されなくてはなりません。

国家戦略としての装備移転が不在

装備移転にはまだまだ多くの問題があり、企業にとっては自社のイメージが悪くなるレピュテーションリスク（風評リスク）もあります。それを軽減する意味でも、装備移転の本来の意義をいかに多くの人に知ってもらうかが重要です。

防衛装備庁は「防衛生産基盤強化法」により、装備行政への取り組みを本格化していますが、装備庁はあくまでも防衛省・自衛隊の活動を円滑化する、という立場です。外交や産業政策は外務省や経産省のテリトリーになりますが、外交政策、産業政策のツールとしての防衛装備戦略はまだ存在しない、と理解していいと思います。そろそろこの取り組みが、中国の「一帯一路」を睨んだものになっている側面も堂々と語られてもいいのではないかと思います。

しかし、実際に、日本の装備移転論議を後押しすることになったのは、ロシアによるウクライナ侵攻でした。ＮＡＴＯ諸国が多くの武器を提供する中、日本は装備移転が緩和されていたとはいえ「紛争当事国」への移転は禁じていました。しかし、紛争当事国とは「国連安全保障理事会の措置対象国」であり、今回のウクライナは該当しないとしました。また、同運用指針にある相手国に関する規定では「米国を始め我が国との間で安全保障面での協力関係がある諸国」となっていて、今回のケースは該当しなかったのですが、急きょ「国際法違反の侵略を受けているウクライナ」という項目を付け加えることで解決させました。

提供する品目については「防衛装備移転3原則」の「運用指針」に則ったものになります。輸出を認め得るのは（1）救難（2）輸送（3）警戒（4）監視（5）掃海の5項目です。現時点でもどこまで緩和するかが議論されているのですが、政府が提案する「地雷除去」や「教育訓練」の項目追加は急がれるべきでしょう。

ウクライナに限らず、そもそもこの指針を踏まえ輸出を試みても、結局、外為法の審査ではじかれるものも多いと聞きます。つまり、日本の装備移転は、アクセルをかけながらブレーキを踏んでいる状態にあります。

今さら韓国の飛躍を羨んでも

最近、韓国が武器輸出に力を入れていて、日本は装備移転を緩和したのに負けているじゃないかといったニュアンスで言われることもあります。そうなることは分かりきっていたのに、なぜ今そんなに騒ぐのだろうと私は思ってしまいます。

韓国では1970年代から国内防衛産業を徹底的に育成し、武器輸出で世界に君臨するくらいの勢いで突き進んできました。私が防衛産業について書き始めた頃、すでに10年以上前ですが、当時から韓国は無謀とも言える取り組みを始めていました。

印象深かったのは、2007年にソウル空港で開催された「ソウルエアショー2007」での盧武鉉《ノ・ムヒョン》大統領の祝辞です。彼は「2020年頃には韓国が先端武器システムの独自開発能力を確保し、世界防衛産業先進国のベストテンに入るだろう」と言っているのです。この頃の武器輸出国ランキングは、１位が米国、２位がロシア、３位がドイツ、4位がフランス、５位以降にイギリス、オランダ、イタリア、中国と続き、韓国は箸にも棒にもかかっていません（当然、日本もですが）。

当時の韓国は、多くの装備を米国から輸入していました。しかし、その状況を打破すべく、猛烈に努力したのです。政府がそれを全面的に支援しました。その様子は、いま日本が「装備移転が緩和された」といっても恐る恐る石橋を叩いて渡るが如き歩みをしているのに比べて、天と地ほども違いました。

特に力を入れたのはＫ２戦車で、これは「地球上に存在する全ての戦車の装甲を貫通できる砲身」と「敵の戦車が砲弾を貫通させることのできない特殊装甲」が謳い文句でした。この大げさすぎるセールストークで、まだ出来上がってもいないのに首脳外交で戦車を売り込むとか、死亡事故を起こしても開発をやめずに邁進するという彼らのやり方に、日本は当時、「お手並み拝見」といった感じで冷めた視線を注いでいました。

それが今や、戦車Ｋ２や自走砲Ｋ９は世界的ベストセラーになりつつあります。２０２２年にポーランドが韓国製の戦車Ｋ２を約１０００両、自走砲Ｋ９を約６００両購入することを決めるなどＮＡＴＯ諸国へも進出。Ｋ９はこのポーランドやルーマニアを含め、様々な国と契約が成立し、世界シェアの実に７割を占めるようになったといいます。陸上装備だけでなく戦闘機など航空機の開発も進め、最近はマレーシアに軽攻撃機ＦＡ50を輸出することが決まっています。

気づけば韓国の２０１７〜２０２１年の武器輸出は２０１２〜２０１６年の間に比べて２・８倍に増加し、世界８位に位置付けています。「ベストテン入り」の目標は達成されたのです。次は世界第４位を目指しているといいます。

紛争が商機になる

韓国の躍進は、ロシアによるウクライナ侵攻で加速されました。最近はイスラム原理主義組織ハマスによるイスラエル攻撃に端を発する中東情勢緊迫化の中、尹錫悦《ユン・ソンニョル》大統領がサウジアラビアやカタールなどを訪問していることからも、紛争の激化を新たな商機と捉えているのが見てとれます。

ナイーブな日本人には考え難いことです。日本がおろおろしている間に、韓国では大規模な防衛産業展示会（ソウル ＡＤＥＸ：Seoul International Aerospace & Defense Exhibition）が開かれていました。「安くて速い納入」と評判の韓国装備人気は高まるばかりで、展示会にも世界の多くの国々から訪問者があったようです。

さらに、韓国はアジア諸国への売り込みにも力を入れていて、フィリピンやマレーシアに続き、ベトナムへもアプローチをしているところです。これらは日本が力を入れようとしている地域であるだけに、ますます韓国の動きが気になるところですが、かといって彼らと同じような方法を日本人が取れるかと言えば、現状ではまず無理です。装備展示会で大統領がＰＲ演説し、大統領自らが武器を売りに外国に行く。同じことを日本の首相にできるでしょうか。

「韓国はすごい」「日本は情けない」といった声を聞くことがありますが、そもそも日本は韓国のような武器輸出国を目指すのか、ということから冷静に考えたいところです。日本人はむしろ、そのような行為は品性に欠けるという感覚で見ていたのではないでしょうか。また、韓国はそこまで成長できないだろうという、驕りもあったかもしれません。

いずれにしても、日本の目指すところは韓国モデルとは違うのではないか、という気がしています。

自衛隊の体制も否応なく変わることに

日本は装備移転を外交ツールと位置付けているのに対し、韓国の場合は外交戦略的な発想はほとんどなく、あくまで「商売」の面が大きいと言われています。

とはいえ、日本は外交に使うといっても、首相は防衛装備庁が現在どこの国とどんな装備品をめぐるやり取りをしているかを知っているわけではなく、普段から意思疎通ができているとは思えません。

装備庁や企業だけでなく、官邸や外交官、武官など関係者が一丸となる必要があり、そのためには相手のニーズを汲み取るための軍事的知見や、日本の防衛装備についての知識や情報も欠かせません。その意味で、装備移転を進めるためには、外交政策そのものにも大きな変化が求められることになります。

また、今は移転できる装備は限定的ですが、もし今後、純粋な意味でも武器（火砲など）を売れるようになる日が来たとして、それを買った国と一緒に使うことはせず、まして共に戦うこともない、そんな日本製の武器が果たして信頼されるのかどうか疑問です。装備移転を本気で発展させたいなら、自衛隊もまた変わらなくてはならないのです。

防衛装備庁の強化も必須でしょう。担当者が1～2年で異動になる現状では困難なことが多く、部外の力を活用するなど長期的スパンでの取り組みが求められます。

防衛駐在官の強化も言われていますが、そもそも防衛産業に関する教育もされていない自衛官や防衛省職員にセールスができるはずはなく、ただ増やせばいいという話ではありません。そのため、自衛隊でも長期的な計画の下で人材を育て、防衛大学校や幹部学校での諸外国軍との防衛交流や日本への留学をもっと拡大し、若い時分から信頼醸成をしておくことが極めて重要になるでしょう。

忘れられがちなのは、装備を使うのは「軍人」であるということです。相手国の首相がいくら気に入っても、その国の軍が認めなければ評判は下がり、信頼を失うのです。相手国軍との人間関係を醸成することも大きな鍵になります。そこは自衛隊の得意分野でもあり、日本の防衛産業の誠実さも強みになります。可能性はここにあると思います。

そして、防衛協力強化のために、これから装備品の「ＮＡＴＯ基準」採用を一層進めた場合、わが国が（つまり自衛隊が）「集団安全保障」や「共同防衛体制」に参画することへの期待感も高まるかもしれません。その時に日本はどのように対応するのか。そこまでの頭の体操が必要になります。

つまり、この装備移転という取り組みは、日本にとって産業育成や活性化という面にとどまらない、安全保障のあり方や憲法改正といった国のあり様についての議論にまで至る可能性を秘めているのです。反対する方々はそこを懸念しているのでしょう。

こうした色々な意味において、にわかに装備移転可能な範囲が拡大することは考え難く、防衛基盤全体を強化することにはなり得ない、基盤政策とは別のもの、と私は思います。

第8章　自衛官に「第二の人生」を保障せよ

「マルボウ」の人たち

自衛隊ではよく防衛産業関係者を「マルボウ」の人たちと呼んでいます（もちろん、面と向かってではなく隠語です）。

私がこの世界に入った、つまり防衛産業を訪ね歩くことを始めた時、この「マルボウ」の人たちと会うというのはどういうかんじなのだろうと、想像を膨らませていました。実際に会ったマルボウの人々は、私が事前に抱いていたおどろおどろしいイメージとは全く違う「普通の人」ばかりで、そのことにかえって驚かされるばかりでした。思えばそれは当然で、日本には「防衛産業」というものが存在するわけではなく、有名な会社であっても企業の一部門、それも小規模部門に位置づけられているに過ぎないからです。

ベンダー企業では社長が引退して会長となり、その息子さんに引き継いでいたりします。また、先代の訃報に触れることも増えました。家族企業が多いからか、こういう会社を訪問すると、自然に親戚と話しているような感じになってしまいます。

これが知られざる「マルボウ」の人々の実態だと言ったら、世の中で思われているイメージとはちょっと異なるかもしれません。「マルボウ」の人たちは、装備品をたくさん売って儲けることではなく、自衛官と長く付き合って、国防の支えになっていくことをむしろ望んでいるようです。若い頃から知っている自衛官がどこかの指揮官になって、記念行事があるとなれば地方のへき地でも出かけて行きます。「営業活動」の名目ですが、私には孫の晴れ舞台を見に行く親戚のように見えてしまいます。

その自衛官たちもやがて退官します。防衛産業は自衛官の「第二の人生」にも深く関わっていきます。実はこの自衛官の退官後について現在、様々な問題が生じているのです。

第二の人生をどうするのか

今、日本は、厳しい安全保障環境に対応すべく「防衛力の抜本的強化」を進めているところです。具体的には防衛費を、これまでの「ＧＤＰ比１％」枠内から「ＧＤＰ比２％」とするということなのですが、実は日本の計算方法はそもそも独特のものだったのです。

いわゆる「ＮＡＴＯ基準」では、防衛費の中に沿岸警備隊や国連平和維持活動（ＰＫＯ）関連費、退役軍人らの年金が含まれていますが、日本のものは、それらが入っていませんでした。

しかし、トランプ政権時に日本の防衛費を増額するよう求められた際、それまで含めていなかったこれら経費を計上して「ＮＡＴＯ基準で計算したら１・３％だった」と公表されたのです。つまり、それまでは「ＧＤＰ比１％」を超えると反発が起きるため小さく見せる必要があり含めていなかったものを、こんどは大きく見せる必要が出たために組み入れたということになります。いずれにせよ、今後、日本がＮＡＴＯが掲げるＧＤＰ比２％を目標とするには、まずＮＡＴＯ基準でスタートラインを揃えようということで、これら経費を含むことになったのです。

そこで、にわかに耳にするようになった言葉が「軍人恩給」です。私は旧軍出身の人たちとのお付き合いが多かったこともあり、自衛隊に恩給制度がないことについて、そんなことじゃいかんという話をよく聞いていましたが、現代の多くの人にとってはほとんど関心のないことでしょう。そう、日本の自衛隊には、通常の軍隊が持っている恩給制度がなく、定年退官すると自衛官はそのまま社会に放り出されてしまうのです。

防衛省は長年、自衛官募集に苦労していますが、私は今回の「防衛力強化」が実現しても「募集問題」の解決にはつながらないと思っています。

「結婚するなら警察や消防の人」

いつだったか、電車の中でたまたま聞こえてきた母娘の会話には苦笑せざるを得ませんでした。母親が娘に「結婚するなら警察か消防の人がいいわよ。自衛隊は危ないわりに処遇が悪いからダメ」とアドバイスしていたのです。

この母親の指摘はあまりに鋭く、否定のしようがありません。昨今、子供が自衛隊を目指し合格しても、親が反対して諦めさせるケースが少なくないと聞きますが、その背景が分かる気がしました。

自衛官は特別職国家公務員であり、警察や消防と比べて給料が低いわけではありません。ただし、定年問題については「処遇が悪い」のは事実でしょう。自衛隊では「精強性の維持」のため「若年定年制」をとっています。階級によって定年の年齢は異なり、２０２４年10月時点では２曹や３曹（外国の軍隊でいう下士官）は55歳で制服を脱ぐことになります。１曹と曹長、そして准尉、３尉〜１尉は56歳です。３佐と２佐は57歳、民間企業でいえば部長クラスに相当する１佐が58歳で、役員クラスの将官（将補および将）は60歳です。当然、退職後は年金が支給される65歳になるまで何らかの形で仕事に就く必要がある場合がほとんどです。

一方で、警察や消防、海上保安庁では階級に関係なくこれまでは60歳定年となっていました。さらに、２０２１年には国家公務員と地方公務員の定年を65歳まで延ばす関連法が成立したため、これらの人々は定年と同時に年金が支給されることになったのです。

この格差を解消すべく、自衛官には退職金とは別に「若年定年退職者給付金」が支払われますが、給付は退官後の４月または10月と、翌々年の８月の合わせて２回だけです。民間の定年延長に伴い増額も予定されているようですが、現行制度では総額１０００万円前後で、年金受給開始まで10年かそれ以上であることを考えると、１か月あたり８万円ほどにすぎません。

再就職をしなければ生活は成り立ちませんが、50歳を過ぎてからの就職は簡単ではなく、年収の大幅減を余儀なくされています。それでも適職が見つかればいいのですが、仕事のマッチングが上手くいかず無職になると、退職金と給付金を切り崩して暮らしていかなくてはならないのです。

先に、NATO基準では防衛費に「軍人恩給」が含まれると書きましたが、日本の軍人恩給は旧軍人並びにその遺族に支給されるもので、現在の自衛官には支給されません。

あらかじめ断っておきますが、ただでさえ募集が厳しいと言われている中で、わざわざネガティブな情報発信をして追い打ちをかけたいわけではありません。しかし「防衛力の抜本的強化」と言うならば、この人的基盤問題こそ真っ先に手をつけるべきであり、とにかく良い方向に進むことを心から願いながらこの原稿を書いています。

自衛官の退官行事を何度か見たことがありますが、見送りのために集まった多くの隊員の中に退官者の家族の姿もあり、そこにはまだ幼い子供がいる場合も多くあります。一般社会で50代半ばといえばまだまだ働き盛り。その年齢で、父親は門を出た瞬間から家族を養うため次の働き口のことを考えなくてはならないのです。

因みに米軍などでは軍人向けの年金があり、20年以上の勤務で退役時からすぐに給付を受けられます。それだけでなく、医療ケアなど退役軍人のためのサービスも充実しています。

基本的に戦地に行かない自衛隊は米軍とはリスクの大きさが違うとは思いますが、自衛官は「事に臨んでは危険を顧みず、身をもって責務の完遂に務め、もって国民の負託にこたえる」という「服務の宣誓」を行っています。約30年間「身をもって責務の完遂に務め」、自衛隊に人生を捧げ、部下を育て、災害派遣で人々を助けていた自衛官に、この処遇が適切なのでしょうか。

スキルを活かせない再就職

若年定年制の自衛隊では、退職者の再就職のサポートをする必要があるということで、防衛省では「就職援護」という取り組みがあり、企業に対して再就職の依頼ができるようになっています。ですが、様々な事情で再就職先を辞めてしまう例もあります。保険会社に再就職したものの、元部下たちへの保険の勧誘を期待されていることに苦痛を感じて退職した、という話も聞いたことがあります。

そもそも斡旋される再就職先も、元自衛官としてのスキルが活かされているとは言えないものが多いのです。例えば警備員や、高速道路の料金所、運送業、荷物の仕分け、旅館の送迎バスや幼稚園のドライバーなどです。中にはスーパーマーケットで勤務する人もいます。特に地方の場合、かなりのキャリアがあっても最低賃金の仕事にも就けないという現実があるのです。子供の進学、親の介護などの理由から、よりマシな収入を得るために転職先を探さざるを得ない場合も多いと考えられます。

以前、ある雑誌で幹部自衛官の退官後のリポートがあり、小学校に再就職したとあったので、その方のキャリアからしててっきり教育者の立場で赴任したのかと思ったら、肩書は「用務員」とありました。その立場で子供たちへの情熱を語られていたことに感動を覚えました。もちろん仕事に貴賤などなく、どんなポジションであれ世のため人のために働くのは尊いことですが、自衛官時代に築いた実績や人物としての価値が十分に活かされていないと感じざるを得ませんでした。

また、再再就職までは自衛隊でも支援しきれず自力での就職活動となりますが、「20社受けて全滅でした」などと肩を落とす人もいたことを思い出します。

そうした中で近年、自治体の危機管理監や防災監として自衛官ＯＢの採用が増えているのは朗報です。経験豊富な自衛官ＯＢが、都道府県のみならず市区町村の防災監などで一層活躍することを期待したいところです。ただ、採用されても、低位のポジションになることも少なくないようで、収入は大幅に減る場合が多くなっています。それだけでなく、問題は首長に直接に意見具申できる地位でないとその存在意義が薄くなってしまうことです。

まして週に１日しか出勤しないようでは形式だけになってしまいます。自治労（全日本自治団体労働組合）との関係などもあるだけに難しい課題だとは思いますが、有効にスキルを活かせる仕組みを望みたいものです。そうならないと、自衛隊側も優れたＯＢを提供できないという悪循環に陥ってしまいかねないからです。

将官がハローワークに

自衛隊の定年は、働き手不足や年金支給年齢の引き上げを受けて、２０２０年に延長されています。それによって2曹・3曹は53歳から54歳へ、1曹～1尉は54歳から55歳へ、2佐と3佐は55歳から56歳へ、1佐は56歳から57歳へと定年が引き上げられたのです。前述のように、２０２４年10月時点では2曹・3曹が55歳、1曹～1尉が56歳、2佐と3佐が57歳、1佐が58歳と、さらに定年が延長されます。

しかし、定年を延ばしてもすべてが解決するわけではなく、逆に新たな問題が生起してきているのです。その一例が、1佐と将官との差が近くなり過ぎることです。

現在、将官の退職年齢はトップの統合幕僚長と各幕僚長が62歳という例外はあるものの、基本的には60歳です。ですが実際には将官のポストは極めて限られるため、将補は人事の都合上、60歳を前に退職を勧告されるケースがほとんどなのです。そして、1佐には若年定年退職者給付金が支給される一方、将官にはそれは適用されないため、定年延長で1佐が58歳で退職するようになると、60歳手前で退職する将補と1佐との差が、金銭上ほとんどなくなってしまいます。

この問題は今後調整が進められるものと思われますが、現時点でも、退官と同時に将補になる1佐、いわゆる「営門将補」も存在することから、現役の時に頑張って将補になるインセンティブがなくなっている可能性があり、さらに退職時の支給金額も1佐の方が多くなれば、将補の魅力はますます薄れてしまうことになります。

自衛隊内でも「階級の高い人は退官後も悠々自適」といった怨嗟の声が聞かれることがありますが、事情は大きく変わってきています。

2020年7月、陸上幕僚監部の募集・援護課が退官予定の将官に関する情報を企業に渡していたとして、歴代の課長など関係者が軒並み処分される事案がありました。当時の河野太郎防衛大臣は「あってはならないこと」と厳しく断罪したのです。実は将官に関しては、再就職の斡旋もありません。将官になると60歳が定年のため一般職国家公務員と同じ扱いになることが２００９年の大臣通達で定められました。そのため、再就職の斡旋が禁止されたのです。

いわゆる「天下り」が社会問題となったためなのでしょうが、退官直前に災害が起きるなど、現役時に自力で就職活動などできない場合もザラにあります。昨今のように北朝鮮が連日ミサイルを発射し、中国の艦船や航空機が毎日のように領海・領空に接近している中、隊員の上に立つ将官に自分で退官後の仕事探しをしろと言うのですから、どうかしていると言わざるを得ません。

常識で考えれば、高級指揮官が任務に集中できるよう組織として支えるのは当たり前のことです。しかし「後は任せて下さい」と本人の代わりに援護活動にあたった担当者たちが、厳しい処分を受けることになったのです。彼らは詰め腹を切らされ、減給や異動などの処分を受けました。それが根本的な問題解決に繋がるとは到底思えません。

このような出来事を横目に見て、自衛隊幹部の中には「頑張って昇任しても何もいいことがない」という思いが蔓延しつつあります。将官にまで出世しても、退官した翌日っていくような実態では、キャリアアップに何も魅力を感じなくなるでしょう。実際、退官した元将官が、再就職先も見つからないまま1年以上経っているといった話をしばしば聞くようになっています。

減っていく再就職先

将官に限らず、3佐以上の自衛官には、利害関係のあった企業に自己求職できないなどの規制が設けられるようになりました。これらは特定の企業への不正な利益誘導を防ぐ目的ということですが、いちOBの影響で装備品の決定が左右されることなどあり得ず、あまりにも現実離れしています。

米国などでは、退役軍人が軍需産業に入って開発の助言をしたり、軍と会社の橋渡しをしたりするのは当たり前であり、長年の知見を活かせる適切なあり方だと考えられています。全く畑違いの仕事に就くより、よほど国のためになります。防衛関連企業に再就職先を頼りきることがいいとは思いませんが、これらの企業にOBが入ることはそれなりの理由と必要性があると言えるでしょう。

ただし、民間企業に依存するだけではない、国としての責任ある援護も求められます。

防衛関連企業への再就職がそんなにいけないことなら、恩給制度を復活させて退官後の生活を国費で支えるべきではないでしょうか。それもない中で放り出すような国家を一体誰が守るというのでしょうか。

実際には再就職先が減っていることも確かです。これは、装備品を国内調達せず、輸入が増えていることが主な原因です。企業の防衛事業からの撤退が相次いでいますが、これは自衛隊にとって、再就職先を失うことも意味しています。すると、これまで1佐のOBを採用していたところに将官OBが入るようになって、在籍していた元1佐を追い出す形になり、1佐が2佐の就職先を、2佐が3佐の就職先を浸食するような形になってしまいます。そうなると、みんなが従来より低い給与に甘んじることになるのです。

現役のうちに自分で人脈を広げ、資格の取得などに動き始めるべきとも言われますが、そのように器用にできる人ばかりではありません。また、自衛隊に国防という重責を担わせている国民の側がそれを言うのは、僭越であり間違っていると思います。

辞めたくないのに制服を脱ぐ任期制隊員

ここまで主に若年定年制の自衛官について説明してきましたが、一方で、短期間で任期を終える「任期制」自衛官もいます。

正確には採用時は「自衛官候補生」といって、一般企業における契約社員のような位置付けとなります。2018年に採用年齢が約30年ぶりに改定され、18歳以上27歳未満の者に限られていた採用年齢の上限が一気に33歳未満へと引き上げられています。安倍晋三元首相殺害が元任期制自衛官によるものだったことから、初めてこの制度について知った人も多いようです。

多くの任期制自衛官は2～3年で任期を終え、20～30歳代で退職することになります。本人が自衛隊に残ることを望んでも、そのためには曹に昇任する試験に合格しなければならず、階級ごとに定員が限られていることもあり、ハードルは極めて高くなっています。自衛官を続けたいのに泣く泣く辞めていく人は多いのです。

現在、募集難だと言われている大部分が、実はこの任期制隊員です。高卒の若者が減っていることや、将来への約束がない有期雇用ということもあり、確保が困難になっているのです。それだけに、この隊員たちについては、警察や消防などへの再就職といった危機管理組織内での人事運用の融通性や、自衛官としての経験を活かした再就職先の確保などが一層求められるところです。

任期制隊員のことをまるでアルバイトのように言う向きもあるようですが、この人たちがいなければ組織は成り立ちません。貴重な隊員を少しでも増やせるような魅力化政策が必要でしょう。

少子化を言い訳にしてはならない

縷々述べてきましたが、巷間言われている「少子高齢化が進み、自衛官募集が大変な時代になっている」という話を聞く度に、私には自衛官になる人が少ない真の理由が見失われているように思えてなりません。このような「人に冷たい職場」に人が集まるわけがないのです。そしてこれは防衛省の施策が悪いわけではなく、自衛隊は国家公務員であることから、特別扱いできないという日本の体制に起因しているのです。

一方で、人口減少や少子化が進んでいることもまた事実であり、今後さらなる定年延長もあるでしょう。ただし、むやみに定年を延ばして、給料が下がったり退官後の暮らしがますます厳しくなるようでは本末転倒です。例えば第一線部隊と後方部隊を区分けして、定年も含めて柔軟に適材適所で運用する制度を構築することや、国が長年育てた人材である自衛官を地方の守りに活かせる方策などのフレームワークを早急に検討する必要があるでしょう。

応募が減って大変だと言う前に、現在の自衛官の退官後が、子供たちに夢を与えるものなのかどうかを、国としてぜひ考えてもらいたいと思います。元将官がハローワークに行くような光景を見て、誰が自衛官になることを目指すでしょうか。しかしこれが「防衛力の抜本的強化」を目指そうとしている国の実態なのです。

自衛官の多くが誕生日に退職するシステムになっていることから、今日もどこかで退官行事が行われ、その数は毎年8千人近くとなります。定年制であれ任期制であれ、すべての自衛官が「自衛隊にいてよかった」という気持ちで門を出てもらいたいですし、そうでなくてはならないのです。国費を投じて育てた人材を、もっと国のために活かせる施策を講じる必要があります。これは間違いなく国の責務です。

第9章　退役した装備品は備蓄に回すべし

退役した装備品はどうなるか

自衛官の退官後が改善されることが今後の募集を増やすためにも重要だということがお分かり頂けたのではないかと思いますが、装備品についても、自衛隊を去ったその後のことが気がかりです。

装備品は自衛隊での役目を終えたらどこにいくのか。自衛隊では「昭和生まれ」の装備品が現役としてまだ頑張っていますが、耐用年数を過ぎると「不用決定」の後、廃棄処分されます。

制度上の理由から保有数が決まっているために、取っておきたくてもできません。私は今、この仕組みを止めることが必要な時代になっていると思っています。

例えばロシアは冷戦時代の戦車を数千〜数万の単位で保管していると言われています。

実際に、ロシア軍はウクライナで50年前の戦車T62を投入しています。古い装備を保管しておくことを「モスボール」といい、本来であれば防水処置や腐食防止策を施すのですが、ロシアのように大量の装備品を保持していると、そこまでコストをかけていないかもしれません。使い物にならない場合も多いかもしれませんが、「どれかは使える」という可能性を残している点で、日本のようなやり方よりは賢明かと思います。

一方、ウクライナに対し世界が装備品の供与をする中、日本ができたことはかなり限られていました。日本からの提供品は防弾チョッキ、ヘルメット、防寒服、天幕、衛生物品、非常用糧食、カメラ、発電機、照明器具、ひじあて、ひざあて、寝袋、防護衣、防護マスク、ドローン、などです。

これらは自衛隊の「不用品」として提供されました。自衛隊の持ち物を外国に渡す法的枠組みがなかったため「要らない物だからあげていい」ということにしたのです。そもそもはこれも許されていませんでしたが、かつてフィリピンに装備品供与をした際に、自衛隊法などを自衛隊の不用品の無償譲渡ができるように改正していたことが役に立ったのです。しかし、あくまでも「不用品」（実際には使えるにもかかわらず）を譲渡したということで、理論上、自衛隊に対する補塡はしないということになりました。

　このことで思い出したのは、東日本大震災の時に自衛官が被災者に自分たちの「非常糧食」を配り、その後、なくなった分が補塡されるどころか「非常」糧食なのに自分たちの非常時ではなく民間人に提供することはその目的にそぐわないということで、被災した自治体にその分を清算させることになったと聞いたことがあります。税金の使途を徹底的に管理するという、その姿勢には頭が下がりますが、これが国民の幸せにつながるのかどうかは不明です。このような硬直的な予算制度にはいつも残念な気持ちにさせられます。

　また、自衛隊では「損耗更新」という方式で、新しいものを入れるには古いものを手放さなくてはなりません。防衛大綱の別表に記された保有数に従っていたのですが、実は別表は2022年に防衛大綱から「国家防衛戦略」にとって代わった際に廃止されたため、今後、別表に縛られずに装備を保有できる可能性、あるいは「部品」として保存できる可能性がでてきました。もちろん、実質的にこれを進めるには予算が必要になりますので、簡単なことではないとは思いますが。

　そして、もし、これが実現しても、扱える人がいないと困りますので、定年退官した自衛官ＯＢが携わることができるような体制整備も望まれます。

湿度の高い日本の気候風土では装備の保存は難しいかもしれませんし、また狭い日本ではそのような保管場所を確保するのが容易ではないかもしれませんが、わが国には所有者不明で宙に浮いている土地が九州よりも大きい面積分あるといいます。そうした土地を駆使して、可能性は見いだせないものだろうかという思いです。

海外への流出はなぜ起きるのか

今後、日本の装備移転を進展させたいのであれば、古い装備やその部品の維持は大きな要素になってくるでしょう。相手国は必ずしも最新を欲しがるわけではなく、むしろ中古品をタダで欲しいという場合が多いのです。

実際、陸上自衛隊で用途廃止となったはずの高機動車が海外に流出していたというニュースがありました。本来は解体業者に売却し、そこで切断されるのですが、横流しされていたのです。これまでも、いすゞの3½tトラックがピンクに塗られてフィリピンのバナナ工場で走っていた⁉とか、海外での発見情報はいくつかあったのですが、高機動車をロシア軍が使用しているとの指摘があったことは、日本も含め各国がウクライナへの装備供与をしている中でショッキングなことでした。

これらの出来事は、自衛隊側が廃棄処分後のことまでも管理していなかったとして非難されてしまいますが、自衛隊としても流出を防ぐための努力をしていました。例えば、製造した企業に処分も担ってもらう、いわば「揺りカゴから墓場まで」の面倒をみてもらうという案です。

しかし、製造企業がそのために設備を作り、外部から見られないよう秘密を守るためのフェンスを作るなど準備を整えても、競争入札になってしまい、かなりの安値で落札せざるを得ないのです。そうなると、企業ももう引き受けられないということになり、結局、信用に足らない業者に委託することになるのです。製造元に随意契約で引き受けてもらうようにすれば、状況はかなり変わるのではないでしょうか。

装備品の流出は本来、極めて深刻な問題です。破片一つでもその性能が分かってしまうからです。それは国防力そのものを提供することになり、隊員の生命、国の存亡にも関わることになるのです。自衛隊としてはたった一片でもこの機密の流出をなんとしても防ぎたいのです。

その意味で、装備を作る技術力育成に力を注ぐことも大事なことですが、処分についても管理を強化するだけでなく、入札の制度を見直し、抜本的な対策をする必要があるのではないでしょうか。

半導体はどうなっているのか

ちょうどコロナの影響を受けていた頃、冷蔵庫や洗濯機を買い求めようとしたら品薄状態で、注文しても届くまでにかなり時間がかかるということで、店頭に残っていたものを慌てて購入することになりました。

この理由が「半導体不足」であると聞き、民生品にここまで影響しているのかと改めて驚かされましたが、今、世界がこの半導体をいかに安定的に確保するかに必死になっていて、経済安保の観点から半導体のできる限りの国内製造を目指しています。

わが国においても、台湾の半導体大手ＴＳＭＣの熊本工場設立、最先端半導体の国産化を目指すRapidusが北海道で工場創設に向け始動しているなど、対策を急いでいるところです。

こうしている間にも半導体の地政学リスクは高まっています。スマホなどで使われる最先端のロジック半導体の60％が台湾、残りはほとんど韓国で製造されているということは、もし台湾有事となれば中国が半導体工場をおさえることも十分考えられ、世界に及ぼす影響はあまりにも大きいのです。

コロナの影響下では、中国からの半導体が停滞したことで、あらゆる製品の流通が止まり、トヨタ車などは新車購入に2年待ちだと聞きました。１台に５００個以上が使用されるという車載用の半導体は種類も多様で、その一つでも不足すれば製品は完成しないといいますので、いかに重要物資であるかが分かります。

こうしたことからも、各界から「備蓄」の推進を求める声が聞かれます。空白期間が生じた際のリスクマネージメントについては、今すぐ真剣に取り組むべきでしょう。

防衛問題を考えている立場としては、今後、防衛装備品の備蓄を進めていくことと、この半導体について、それも「防衛向け」のものについても維持する体制が必要ではないかと考えます。半導体をどこから入手し、どれだけ保管しているかは各企業に頼り切りとなっていて、実は、くだんのコロナ禍の供給減により納期遅延が増えているといいます。つまり、冷蔵庫や洗濯機だけでなく、防衛装備品も作れなくなっていたのです。

納期に間に合わないと莫大な延納金を払わねばならず、その額は数億～数百億レベルになる場合もあります。自然災害など免責事項はあるものの、現在の半導体不足ではそれが適用されないケースも多く、そうなると企業をますます痛めつける構図になってしまっています。防衛産業を強化すると言いながら巨額の罰金を取り上げ、ましてそれは防衛に役立つわけではなく国庫に納入されるのですから、日本の国防にとって何も良いことはありません。

国を守る装備のための半導体は確保する必要はないのか。その観点での検討があっていいのではないでしょうか。

「防衛備蓄」を考慮せよ

東日本大震災での逸話ですが、当時、派遣隊員の食べ物が調達できないということが起きました。

ご記憶の通り、スーパーから食品がなくなり、政府としては早急に人々にいきわたるよう民間への流通を最優先にする対策をしたのですが、自衛隊は視野に入っておらず、備蓄分を被災者に提供した現場の自衛官は食べる物がない状態になっていました。

そこで、当時、自衛隊の被服や糧食などを扱っていたある商社マンが、自衛隊が被災者に糧食を提供している姿をテレビで見て、このままでは大変なことになると直感し、自衛隊のための食べ物の調達に奔走したのです。彼はこう語っています。

「ご飯、胴付き長靴、下着、梅干し、踏み抜き防止の中敷……。あらゆる物の在庫を探して回りました」

自衛隊は政府の指示で10万人体制で活動することになり、この規模で動くとなると、食事だけでも、仮に1日3食摂取したとして30万食（1日で）を用意しなければなりません。被災者への供給もあり、自衛隊の備蓄はあっという間になくなってしまうことは明白でした。しかし、民間の在庫も他からの引き合いや農水省の統制によって入手困難となっていたのです。

「作業中に食べられるものは何か考え、焼き芋の調達までしました」

流通を当たって、在庫が残っていたのはレトルトカレーだけでした。背に腹は代えられないと、そのカレーを自衛隊のためになんとか確保したのです。大手スーパー各社からの猛反発の中、まさに孤軍奮闘だったといいます。

結果的に派遣部隊では毎食カレーが出てくることになったというわけです。防衛商社といえば山崎豊子の小説『不毛地帯』に出てくるような、実際にスキャンダラスな話題で登場しますが、このような仕事もしていたのです。

日本ではまだあらゆるもので「自衛隊向け」や「防衛装備向け」の備蓄という考え方

がなく、現状の予算制度などではそのような取り組みも困難となっています。災害派遣で生じた問題は本来、全てが教訓であり、改善されなければ苦労した意味がありません。抜本的強化を進めようとしている今こそ省庁横断での検討を強く求めたいところです。

半導体は冷蔵庫であれミサイルであれ欠かすことのできない重要要素です。ミサイルの命中精度を左右することからも、国家存続のカギになる技術でもあります。経済安全保障に目覚めた日本ではありますが、依然として防衛、自衛隊という観点が欠けていますので、自衛官のご飯から半導体など重要部品までの「防衛備蓄」という枠組みが今、求められるのではないかと思います。

第10章　陸上自衛隊の制服はなぜ不揃いなのか

繊維産業の海外移転で製造能力不足に

地方で陸上自衛官に会うと、タイムトリップをしたような錯覚に襲われることがよくありました。すでに5年以上前に制服のデザインが一新され、色は紫紺に変わったはずなのに、今なお古い緑色の制服姿の人がたくさんいたからです。

そもそも制服（uniform）とは、「統一された衣服」を意味しています。一体なぜ、陸上自衛隊の制服は統一されていないのか。そんな疑問を投げかけられることがしばしばありますので、この背景を深掘りしてみたいと思います。

陸自の制服は創設時の茶色から数度の変更の後、１９９１年に緑色に変わり、27年の時を経て２０１８年3月末から紫紺の制服に生まれ変わりました。しかし、約15万人全員に新しい制服が行き渡るには10年ほどかかるということで、陸自隊員の制服が不揃いの状態はまだ当分の間は続くのです。

当時、自民党などからも「一気に調達できないのか」「士気にも関わり、短期間で調達すべきだ」との声が噴出し、計画の短縮を求め財務省にも申し入れをしたといいますが、どうすることもできませんでした。というのは、財務省にお願いして予算を増やしてもらったところでどうにもならない事情があるからです。現にこの度、新たな国家安全保障戦略の策定にともない自衛隊予算は大幅に増額されていますが、それでも状況は変わらないのです。

主たる原因は、国内製造能力の問題です。わが国の繊維製造拠点の多くは、とうの昔に人件費が安い海外に移転し、純国産の被服を作る基盤が脆弱になってしまっているのです。現在の日本で国産の衣服にこだわっているのは、自衛隊をはじめとする安全に関わる分野の組織ぐらいとなっています。

航空会社の客室乗務員の制服も、なりすましを防ぐなど危機管理上の理由から国産にしているとかつて聞いたことがありますが、そういった制服着用の職種であっても、現時点でどれくらい国内調達を行っているかは不明です。すでに多くの職種で、高価格になる国産ではなく輸入品を採用している可能性が高いのではないでしょうか。もはやわが国は被服を大量生産することができなくなっているからです。

制服を着ることの重み

特定の公務員は制服の着用が法令によって規定されています。国家権力の行使権限を持つという意味で、これらの人たちは国民から容易に識別できる必要があるからです。制服の意義と制度などについては『オールカラー陸海空自衛隊制服図鑑』（内藤修、花井健朗編著・並木書房刊）の「自衛官の制服」という章に詳述されています。

制服の着用は法令で定められていて、それを着る資格を持たないものが制服あるいは類似するものを着用すると、軽犯罪法（第1条第15項）により拘留または科料に処せられることになります。

さらに自衛隊において制服は当然のことながら「軍服」です。同書によれば「軍服」には「身体の保護」のみならず「任務遂行の支援」「敵味方の識別」「存在の表示」「団結の象徴」「統制の斉一」などの目的が加わるといい、また「着用者に『職務に対する誇り』をもたらすというのが、もうひとつの大きな意義であろう」としています。

実は私自身、自衛隊の行事で「1日基地司令」を務めたり、写真週刊誌の企画で、自衛官の制服を着用した経験があります。しかし、その写真を見た米軍関係者から怪訝な顔をされたことが何度もあります。日本人にとってはテレビで芸能人などが自衛官の制服を着ていても特に違和感はありませんが、米軍人にとってそれは許し難いことであり、ひょっとしたら彼らの誇りを傷つけることにもなるのだと思い知らされました。

因みに日本では依然として理解が徹底されていませんが、「自衛隊員」という呼び方は防衛省の全ての職員を指し、制服を着ている人だけが「自衛官」と呼ばれます。自衛官にとっての制服は単なる被服ではありません。1957年に定められた防衛庁訓令第4号「自衛官服装規則」3条には「自衛官は、この訓令の定めるところに従い、正しく制服等を着用し、服装及び容儀を端正にし、自衛隊員としての規律と品位を保つように努めなければならない」とあります。

ジュネーブ条約で捕虜と認定される条件の一つとして軍服の着用があり、ハーグ陸戦条約では、同じ徽章をつけていることが正規軍の一つの条件であることから、「制服を着る」という行為は国際的にも非常に重い意味を持っているのです。

糸1本も機密扱い：知られざる制服作りの現場

万が一、制服そのものやその仕様書でさえも、国内外に流出するようなことがあってはなりません。テロリストの手に渡るなどすれば、極めて深刻な事態になります。実際に1971年8月21日には、陸上自衛隊東部方面隊所属の自衛官が警衛勤務中に制服姿の2人の左翼運動家に襲われ、殺害される事件が起きています（「朝霞自衛官殺害事件」）。自衛官の制服を盗んだ上での犯行でした。こうした教訓からも、本物の制服が部外者、特に犯罪者の手に渡るようなことはあってはならないのです。コスト削減のため、制服の製造も海外工場で低賃金の外国人労働者にさせてはどうかとこれまで度々議論されてきましたが、実施に至らず国内製造を維持してきたのはこうした理由があるのです。

しかし、被服は誰にも身近なもので、まして一般国民には「あえて国産の服にこだわる」など考え難いこともあり、自衛官の制服をわざわざ国内企業に発注するのは「防衛産業を守るためなのか」と批判の的になりがちです。しかし、自衛官の制服作りは大量生産の服のそれとは全く違います。まず製造段階で監督や検査が繰り返し行われなくてはなりません。糸作りから染色までを独自に行い、その保全も徹底しています。これらは重要機密になるからです。

各企業は糸の1本までも責任を負っています。製造に関わるあらゆる情報保全も企業が担うことになります。文字通りたった1本の糸ですら余剰分は焼却処分にし、焼却炉の煙突の煙まで撮影して報告書を作成し、防衛省に提出するのです。

一方、制服を国内製造する重要性は分かっていても、付属品等は安物でもいいのではないかという声もあり、これまでに数々のものから「国内製造規定」を外しています。ネクタイくらいはいいのではないか、といった具合です。

しかし実際には、色や素材は制服に合わせたものを発注するために既製品というわけにはいきません。また、数万人分あるいは十数万人分という数量の規模では海外発注する分量でもありません。「15万本のネクタイ」をオーダーしたところで、大手の企業にとっては大量発注と言える分量ではありません。かえってコストがかかるので、私たちがお馴染みのアパレルメーカーが喜んで受注するような注文ではないのです。外国の工場に人を派遣して保全や品質管理のチェックをする労力を考えれば、結局は国内製造にするのが合理的なのです。

また、国産品の最大の特徴は「100%の状態で納品」されることです。海外製造では数の過不足や不良品があることを想定しなくてはなりません。その管理にマンパワーを割いたり、返品・交換などに二度手間を余儀なくされることは想像に難くないのです。

従来の国産に替えて中国製の手袋にしたところ、色落ちしてすぐに使えなくなり1年後に再公募した事例もありましたが、再公募では過去の最安値より価格を上げることはできないルールがあるため、手を挙げる企業がおらず、仕方なく従来の国産品を納めていた企業が引き受けたのです。いえ、正確に言えば自衛隊側から頭を下げてお願いしたのです。

その企業にとっては赤字覚悟の苦渋の受注となります。こんなことができるのは日本の企業くらいで、昨今は経営形態も変ってきているため、日本的な義理人情や使命感といった観点での判断は難しくなっていますし、またそれは決してあるべき姿ではないでしょう。赤字受注のあおりを食うのは下請の零細企業なのです。

因みに、中国製の不良品を納入した業者は指名停止になるか、自ら姿を消してしまうため、1回限りの「取り逃げ」をしていることになります。

防衛装備品という特殊な分野における競争入札制度は「安かろう悪かろう」の悪しき事例を積み上げているだけでなく、税金を食い物にされる結果を招いていることを、多くの人に知ってもらいたいと思います。

繊維業界はもともと利幅が薄い。それなのに……

なぜ陸自の制服がまだ全隊員に行き渡らないのか、というテーマから離れたようですが、早く出来上がりそうな海外製造ではなく、国内調達しなければならない理由がお分かり頂けたのではないでしょうか。

米国では、バイアメリカン法などで「米国外で生産された物は調達しない」と定められていることもありますが、それ以前に、国のため命を懸ける人たちの身に着ける物が「安物でいい」という感性そのものがあり得ないのです。かつて、米軍のベレー帽が中国製だったことが分かり、すでに配布された物も在庫も全てを破棄したという逸話もありました。

防衛費の大幅な増額が決まり、企業関係者の表情はさぞかし明るいだろうと思われるかもしれませんが、繊維産業に限らず、製造現場にとっては、「特需」によって一気に人員を増やしたり設備投資をしたりしたところで、それが何年続くのかが問題です。10年後に、状況が変わったからと従業員を解雇するわけにはいかないのです。導入した設備も将来にわたり使用するのでなければ経費を回収できないでしょう。

日本で「防衛産業」と呼ばれる企業はどこも防衛事業専従ではなく、民生品の製造で経営が成り立っています。最大手の三菱重工や川崎重工のようなプライム企業でさえ、企業利益全体に占める防衛部門の貢献度は極めて小さい規模です。これは、儲かる民需部門がなければ、儲からない自衛隊の装備品を手がけることはできないという実情を如実に表しています。

一方、繊維業界はもともと価格競争が厳しく利幅が小さいため、民生部門の売上で防衛部門を支えることができません。よって立つところがない点で、他の防衛装備とは特徴が異なるのです。

それにもかかわらず、ここにも競争原理を適用させ、製造能力と技術を弱めてきてしまったのです。自衛官の制服を開発・製造できる企業は限られており、本来は完全な自由競争に委ねるのではなく、国家として保護する必要があったはずです。そのような説明が通用しなかったのは残念でなりません。

国の防衛に関わる制服製造能力を守るためには、企業が大量受注ではなく、製造計画を立てられることが重要だと関係者は口を揃えます。そうすれば人も機械も作業量に凸凹なく稼働でき、効率的に運用できるからです。複数年度契約や随意契約にすべきという指摘は外部有識者からもなされてきたものの、もし「談合」などと報じられれば「また防衛産業が不正か」と厳しい目が向けられます。世論の同意を得られないと考え、官側からも政治家からもそう主張することはあり得なかったのでしょう。その結果、ますます真実を知ってもらう機会が遠のくということが繰り返されたのです。

こうした「事なかれ」体質により、業界維持のための根本的な対策に着手しなかったことが、制服を一気に製造できない状況につながり、統一されているべき自衛官の制服がバラバラのままという光景を生み出していたのです。

企業が求めるのは「特需」より「予見性」

自衛隊側の事情も関係しています。すでに述べてきたように、武器使用の特権さえも伴う自衛官が着る制服は、「端正」かつ「品位を保つ」ものでなければならず、体型に合わない不格好なものであるわけにはいかないのです。配付にあたっては、まず一人一人採寸を行い、体に適合したものを選ぶ必要があります。

約15万人の陸上自衛官全員にその作業を行い、製造し、配るという一連の工程は決して容易ではありません。部隊では常に人が交代し、退官と入隊が繰り返されており、任務の多さに比べ人員が全く足りていないのです。作業が追いつかず、すでに納品はされているものの倉庫にとどまり配布に至っていないケースもあるとみられています。自衛隊の場合は誰か一人分だけ間に合わせるというわけにはいかず、部隊単位で配布する必要があり、そういった自衛隊独特の事情も遅れている理由ではないかと想像します。

いずれにしても、陸自の構造的な事情と国内繊維産業の衰退、そして日本の防衛産業政策が進まなかったことが、緑と紫紺の2種類の制服の混在に繋がったと言えるでしょう。

また、リアルに有事を考えていくと、これから先、仮に予備自衛官を充実させるなど人員の強化を図るにしても、果たしてその人たちに制服が行き渡るのかという素朴な疑問も湧いてきます。私服で戦うということになるのだろうか、と。

最後はミシンを踏んで出来上がる

自衛隊向けの装備品は戦車であれ被服であれ、「製造ライン」といっても基本は手作りです。発注量が少なく大量生産のレベルではないからです。昭和製の古いミシンで自衛隊の制服や靴を一つ一つ丁寧に心を込めて作業をしていた現場の人たちのことが思い出されます。

こうした縫製工場は、プライム企業と専門の商社が全国を探して引き受けてくれる所を見つけています。「工場」と言っても、その多くが北海道や東北の農家で農閑期に作業するケースが多く、担当者は担い手探しのため驚くような僻地にも足を運びます。「引き受けると言ってくれても、どこでもいいわけではありません」とある担当者は言います。品質を維持できる技術を持つ担い手探しは至難の業です。腕の良い職人は仕事内容に納得がいかないと引き受けません。そのため、何度も訪れてとことん話をするのです。

2011年、こうした零細縫製工場に大きな衝撃を与える出来事が起きました。東日本大震災です。災害派遣で泥地での行方不明者捜索を行う自衛官の被服が早急に必要になったのです。しかし、通常の人員規模では到底、縫製が追いつきません。困惑する関係者を救ったのは高齢の担い手たちでした。「おれらがやるで!」と腕をまくったのは、すでに10年以上前に引退し年金生活をしていた人たちだったのです。急遽ミシンを増設し必死の作業を行うことになりました。しかし、それでも自衛隊が求める量には間に合いません。そこで、より古い人たちを探すことになります。すると、日本の戦後復興を支えた時代の人々も集まってきました。恐る恐るミシンの前に座った彼らでしたが、技術の衰えは全くありませんでした。先の担当者はこう語ります。

「最後は人がミシンを踏んで服は出来上がります。機械がいくつあっても作れないんです」

防衛技術の維持というのは、結局は「人」を意味していると私はこの時教えられました。

今、日本の繊維製品全体に占める国産品の割合は1・5%と言われています。それはそのまま、高い技術をもって「ミシンを踏める」人の少なさを表しています。それを考えれば、制服の配付に時間がかかるのもやむを得ないのでしょう。

自衛官にとって制服は「誇り」であり、もし有事の際に殉職すれば「納棺服」にもなります。制服には隊員の血が滲むのです。1着に込められる意味の大きさを多くの国民、特に為政者には知ってもらいたいと思います。

第11章　防衛産業の事業継承は、かくも困難

なぜ防衛産業の企業統合は進まないのか

私は防衛産業のことについて各所でお話する機会がありますが、その際、かなり高い確率で問われるのが「防衛産業はM&Aをすべきではないですか」ということです。そしてこの問いかけは、もう何十年という間、浮かんでは消えてきているのです。

確かに、諸外国では軍需産業が合併・統合を重ねてきているのはご承知の通りですが、では日本で同じようにできるのかと言えば、今のところはNOと言わざるを得ません。その理由は、まず諸外国には輸出という手段があり、輸出が限定的な日本とは状況が異なるからです。これまでも述べてきたように、受注があるかないか分からないのが日本の防衛産業の実情ですから、そうした悩みを抱える企業どうしが一緒になるというのは現実として考え難いのです。

普通に考えれば、世界の企業統合の多くはグローバルな競争に挑むためのアプローチであり、将来性がなく、体が弱っているどうしが一緒になるというのは普通はあり得ません。

また、誰がそれを先導して行うのか、という問題もあります。関係者間でM&Aの話題になると、イニシアティブは「企業がとるべき」という人がいたり「防衛省であるべきだ」「経産省だ」といった具合に意見が分かれます。多くの人が漠然と統合には賛同するものの、自ら取りまとめようという気持ちになる人がいないのは、あまり夢のあるチャレンジではないからだと思います。

衝撃的なダイセルの撤退と引継ぎの難しさ

2020年に航空機パイロットの緊急脱出装置を手がけていたダイセルが防衛事業からの撤退を決めました。報道を見ると「利益率が低い」から、とその理由をあげていますが、それはその通りではあるものの、これだけを見た人は企業が国への奉仕よりも儲けを優先しているかのように捉えてしまうのではないかと感じます。現実には、縷々述べてきたように、防衛事業はそもそもとても利益が上がるようなものではありませんので、撤退は事実上「負担からの解放」と言った方が適切でしょう。

問題は、こうした企業の撤退により自衛隊の運用に影響が出ることです。航空機の脱出用射出装置は必須アイテムであり、このような重要部分を担う会社の撤退は、航空自衛隊の活動に大きな影響を及ぼすことになります。そして、仕方なく輸入に頼るということになれば、航空自衛隊の運用をさらに海外企業に委ねるのと同義になってしまいます。

防衛事業を継続していくことも困難な選択ですが、実は事業からの撤退というのも簡単ではありません。撤退する企業は無責任に去るわけではなく、実際には早い段階で他企業への引き継ぎを試みているといいます。ダイセルの場合は、数年前から様々な企業に対し、いわゆる装備品製造の「レシピ」の継承を働きかけていたようです。「立つ鳥跡を濁さず」といいますが、日本の企業精神にはそのような責任感が根付いているのです。もちろん、そうしたことにかかる経費は企業の持ち出しになります。

こうした労力を考えれば、継続させていた方が無難だという理由で、かろうじて続けている場合も多いのです。しかし、それでも撤退が相次いでいるということは、防衛事業を担うことがそれほど「お荷物」になっているということでしょう。

そして、仮にどこか他の企業が引き継ぐことになったとしても、完璧に「レシピ」を継承することはできないといいます。例えば、工場の移転などで製造拠点が変わるなどでも日本各地の風土の特性から「人が違う」「水が違う」ということで、元の品質を継承するのは至難の業なのだそうです。モノ作りの奥深さを感じさせられます。

被災しても責任感で後任企業を探す

2011年の東日本大震災で被害を受けた防衛関連企業には、被災が原因となって撤退を決めたところもいくつかありました。宮城県気仙沼市にあるA社もその一つです。

A社は福島県に工場を持つ銃砲弾メーカー日本工機の下請けとしてロケットモーターの製造の一部を請け負っていました。

運命の日、いつものように20人ほどの従業員が静かに作業をしていたところに、不気味な長い揺れが始まり、その後、大きな衝撃が襲いました。

「非常停止！」

地震に体を持っていかれ、多くの女性作業員がその場に座り込む中、工場長がそう叫ぶと、間もなく工場の機能は停止。津波警報を受けて全ての従業員を高台に避難させたのです。

その後は悪夢のような光景を見なくてはなりませんでした。一同が高台にたどり着いて5分もすると、巨大な白い波がゆっくりと押し寄せ、堤防を越え、バキバキと音を立てて工場を飲み込んでしまったのです。

自分たちの車も、電柱も、何もかもがおもちゃのように波に巻き込まれていくのを、従業員たちは声もあげられず、ただ見ているほかありませんでした。「助けて！」と叫びながら流される人が目に入っても、どうすることもできず、何が起きているのか、にわかに理解ができなかったといいます。いつの間にか降り出した雪の中、その辺に転がっていたドラム缶を持ってきてそこに火を熾して一晩を過ごしました。

そして、壮絶な夜が明けます。気がかりだったのは、当日、外出中で工場にいなかった社長のことでしたが、地震発生で工場に戻ろうとして津波に襲われていたことが分かります。しかし、電信柱にしがみつき、なんとか一命を取りとめていました。ただ、社長はその際に指を切断する大ケガを負っていたのです。

「みんなの命があっただけでもよかった……」

従業員の無事を知り、そう安堵するも、一瞬にして工場を失った現実に茫然とするばかりでした。

プライムとベンダーの絆

「大変、申し訳ありませんでした！」

A社からプライム企業である日本工機に連絡が入りますが、その日本工機も福島県の工場が被災していました。特に12・7㎜重機関銃の銃弾製造ラインへの被害が甚大でした。

年度末が近づいていた3月11日は、出荷用の製品が揃いつつあった時で、倉庫がいっぱいになってきていたところでしたが、まだ製造途上の製品もあり、まさにラストスパートのさ中でした。

日本工機もそんな時に大地震に襲われたのです。

「きゃー！」

その時、発射薬を袋に詰め、ミシンで縫っていた女性たちの悲鳴があがります。防衛装備製造の精密な作業を担うのは女性が多く、同工場も人員の約2割は女性でした。誰かの「避難！　避難！」という声が響き渡ります。

避難訓練は何度も繰り返し行っていたものの、経験のない強い揺れに足を取られてしまい、女性たちは次々にしゃがみ込んで震えていたといいます。男性従業員が彼女たちを励まし、なんとか全員が外に退避、そして同時に安全のための措置をとる。これも嫌というほど繰り返した訓練の通りでした。

「緊急停止！」

ちょうど爆薬が化学反応を起こしている時だった作業場では即座に停止の措置がなされます。ここの壁に常に貼ってあった「緊急停止マニュアル」は作業者の頭の中に叩き込まれていました。しかし、緊張感は想像以上だったといいます。

事態を最小限に抑えたプロの仕事

「最も怖いのは火が出ることなんです」と、平素から関係者はよく聞かせてくれましたが、この時も、とにかく火の元を断つことが徹底されました。

最悪の事態は防げたものの、地震による設備のダメージは避けられませんでした。そもそも同社のような銃砲弾・火薬メーカーは火薬類取締法や武器等製造法などで厳しい規制を受けているため、蛍光灯もコンセントもイスも一つあたり10万円ほどする特別な防爆仕様になっています。

高額な費用がかけられた工場が被災。そして、自社だけでなく、下請けの関連会社が工場ごと流されてしまったというのは実にショッキングな現実でした。

自社工場だけでも、原状復帰には途方もない時間がかかることが予想されました。ただ復旧作業をすればいいというものではなく、火薬類取締法や武器等製造法に合致した、元通りの完璧な形に戻す必要があるからです。

倒れた電信柱、広大な敷地の中で崩壊した土手……。そして、なにしろ机ひとつ動かすだけでも許可が必要だという厳しさがあり、その作業にはとてつもなく骨が折れることが想像できました。

悲しみを乗り越えて国防のために

工場ごと失ってしまったA社。自衛隊向けの部品納入は絶望的になり、プライム企業の日本工機はまずは同社を見舞い、今後の対策も考えなくてはなりませんでした。

40年以上付き合ってきたA社の代わりを見つけるのは容易なことではありませんでし

たが、代替手段を見つけなければ国防に穴が開くことになるため、速やかにA社の事業を引き受けてくれる会社を探さなくてはなりませんでした。

A社にとってもこれまで築き上げてきた自社の歴史を手放すことになり、身を引き裂かれる思いだったに違いありません。しかし、同社は、持っていたノウハウ全てを差し出したのです。

代わりの製造に手を挙げてくれたのはA社をよく知る企業でした。

「少しでも助けになるなら、やりましょう」

日本工機は、A社にもこの代替メーカーへの技術支援という形で参画してもらうことを決めます。

被災して傷だらけになった会社が、長年かけて積み上げてきたものを差し出す。全ては「国防のために」。そこにあるのは常に「自衛隊ファースト」の精神なのです。

日本一ドラマティックなタクアン

あまり知られていない事業継承もありました。タクアン缶詰です。現在陸上自衛隊ではなくなりましたが、かつては「缶メシ」が自衛隊の主な携帯糧食でした。

かつて、イラク派遣から戻った隊員さんと現地での食事の話をしたとき、こんなこぼれ話を聞きました。

「隊員同士は非常にうまくいっていましたが、険悪なムードになりかかったのは、タクアンを食べようとしたときです」

当時、タクアンの缶詰には分厚いタクアンが3切れ入っていて、それを2人で食べることになっていたのです。しかし、それでは味方同士で紛争が勃発するということで、一切れのサイズを小さくして、その代わり1人に1缶が与えられるように改善されたのだとか。

活動中は野菜をほとんど摂取できない隊員にとって、タクアンは野菜と塩分を同時に摂取できる優れもので、海外派遣でも欠かせないアイテムです。

ところが、東日本大震災では、そのタクアンの缶詰も被災してしまいました。納品のため青森県八戸市の工場から海岸近くの運送業者に運んだところで津波に襲われたのです。幸い流されず無事だったそうですが、4割が海水に浸かり、数十万缶が被害にあってしまいました。

私はこの出来事により、自衛隊のタクアンが東北で作られていたことを知ったのですが、実はここに至るまでにはドラマがあったのです。

そもそも、このタクアンの原材料である大根は鹿児島のものだったといいます。そのため、缶詰は同じ九州の大分県の会社が製造していました。ところが、この企業が倒産してしまい、関係者が必死になって引き受け手を探しました。そして、とうとう八戸の工場が手を挙げてくれたのです。

「ノウハウが全て継承されました」

ずいぶん大げさなと私も正直、最初はそう思いましたが、実際、自衛隊の仕様は厳しく、東京のプライムが中心となって、九州と東北の2社間で厳格に技術の継承がなされたそうです。

例えば、大根の繊維が少しでも残っていたらNG、厚さが正確でなくてはならない、タクアンは機械では切らず手作業で行わねばならない、などなど細かい配慮がなされていたといいますが、大根自体が皆同じ形ではないため、歩留まりが小さいことはしかたがなく、覚悟が必要な仕事でした。

因みに缶詰は自衛隊では「缶メシ」と呼ばれる分野ですが、その缶は自衛隊の運用に耐えられる強度が求められるなど（そのため、プルトップ式にはできない）、一般に流通する物とは仕様が異なります。

「この厳しさを受け入れてくれる所でないとできないんですよ」

鹿児島の大根を青森県の工場で加工するのは遠すぎるのですが、この条件を受け入れてくれる所は他になく、かくしてタクアンの缶詰は日本列島を縦断し製造されることになったのです。ライセンス料や運搬費は、プライム企業の負担となります。

それで会社にとってメリットになるのですか？　そんなことを、私は当時多くの関係者に聞きました。おそらく、手を引いても経営上は何ら影響はなかったことでしょう。しかし、担当者は胸を張って言っていました。

「自衛隊のためにやっていることが会社の誇りなんです」

自衛隊のタクアンは、日本一検査が厳しい、しかし日本一ドラマティックなタクアンだと言えるものでしょう。

防衛産業と言っても製造するのは戦闘機のような装備品だけではありません。タクアン缶詰までも自衛隊専用の特殊なものになっています。そのため、あらゆる分野で、傍から見れば事業の統合があっていいのではないかと言われていますが、その動機が見出され難いのです。

今後、日本独特の仕様が緩和されたり、販路の拡大が望めるようになれば、事情は変わるかもしれませんが。

第12章　靴下のことを考えろ！

能登半島地震

２０２４年の元日、16時10分頃に石川県能登地方を震源とする最大震度７の地震と最大５ｍの津波が発生しました。この瞬間から自衛隊の災害対処は始まり、あらゆる自衛官が常に覚悟していることではありますが、お正月休みは吹き飛び、多くの隊員たちが過酷な環境下での支援活動に突入しました。

元日の夕方ということで、自衛官も当番の人以外はほとんどが休みでゆっくり過ごしていましたが、動きは極めて迅速でした。発災の約20分後には航空自衛隊の千歳基地（北海道）や新田原基地（宮崎県）からＦ15戦闘機が偵察のため離陸、続いて海自のヘリやＰ３ＣやＰ１などの哨戒機が舞鶴（京都府）、厚木（神奈川県）、八戸（青森県）の各基地から飛び立ちました。

同じ頃、陸自のヘリが立川（東京都）、八尾（大阪府）、仙台（宮城県）からあがっています。そして、発災から約1時間後には陸自の金沢14連隊が前進を開始しました。

かつて、1995年1月17日に発生した阪神・淡路大震災では、発災から4時間もの間、自治体からの要請が出ず自衛隊派遣が遅れ、死者・行方不明者6437人という関東大震災以来の大惨事となりました。その反省もあってルールが見直され、現在は要請を待たずに自衛隊を自主派遣できる体制ができているのです。

もう少し細かく説明すると、そもそも「災害対策基本法」やそれを受けた「自衛隊法」では、要請がなくても自衛隊が出動できることが記されていました。「自衛隊法」第83条2項のただし書きにある「天災地変その他の災害に際し、その事態に照らし特に緊急を要し、前項（都道府県知事等）の要請を待ついとまがないと認められるときは、同項の要請を待たないで、部隊等を派遣することができる」という箇所です。

しかし、この「ただし書き」では、自衛隊の部隊出動の判断には十分ではなかったのです。

反自衛隊の風土

実際、阪神・淡路大震災の頃は、まだ自衛隊に対する偏見や無理解に溢れていました。地震の発生後、陸上自衛隊中部方面総監部から幕僚副長が県知事に急ぎ会いに行くも「知事は忙しくて会えない」と突き返される有様で、連携など程遠い実態でした。ようやく災害派遣活動を始められるようになっても、自治体関係者から「神戸の街に戦闘服は似合わない」と言われてしまう始末でした。

入浴支援をしようとしたら、厚生省（当時）が「公衆衛生法令上、風呂の設置は認められない」と頑なに認めてくれなかったとか、さまざまな苦い経験があったのですが、こうした派遣活動を積み重ね、現在ではむしろ自治体が自衛隊に依存してしまう構図になってしまったと言えます。

自衛隊の災害派遣は、有事の際に国民保護を実施することにも関わり、今や自衛隊の大きな任務となっていますが、本来は自治体の責任で行うべきことです。それなのに、自治体側は自衛隊に頼り切る傾向が強くなっており、自衛隊もまた災害派遣の経験を重ねるにつれ、災害派遣を理由にして装備を購入するなど、いつの間にか災害派遣の意味が大きくなり過ぎています。戦闘にしか使えない装備より予算要求をしやすいということもあったと思います。

しかし、有事となれば、同時に災害が発生しても自衛隊は来られず、食事もお風呂も提供することはできません。そうなると、被災者が「なぜ自衛隊は助けてくれないのか」と批判の矛先を向けてしまうのではないかと私は懸念します。言うまでもなく、自衛隊の本来の仕事は国防であり災害派遣ではありませんので、そのことを改めて国民に認知してもらわないと、あらぬ誤解をされることになりかねないのではないでしょうか。災害派遣は、いざという時に国民を守るため、平素から自衛隊を知ってもらい軍へのアレルギーを少しでもなくすべく行ってきたものですが、それでは本末転倒となってしまいます。

テレビでは避難所で人々がいかに不自由しているかといった様子ばかりが伝えられています。その映像は、日本が災害大国と言われながら、災害に強い国になれない現実と原因を見せつけているように思えてなりません。好むと好まざるとにかかわらず、地震や津波に強い街作りをダイナミックに行わない限り、日本ではいつまた同じような震災による被害に見舞われるか知れず、ロシアンルーレットのような毎日を過ごすしかありません。しかし、住民に面倒を強いるような災害対策を訴える人は選挙で選ばれないでしょうし、東日本大震災の時も、沿岸部に住んでいた人に転居を勧めても同じ場所に住み続ける人が多く、日本人の土地に対する愛着、高齢化で環境変化を望まないことを鑑みれば、災害に強い街作りはなかなか進まないでしょう。

日本には元々「孤立」している集落が点在しており、そうした場所が多く存在する限り、災害に伴う「孤立」とそこへの危険を伴う支援の必要性は今後も発生し、その度に自衛隊が物を運ぶことになるわけです。本来は戦闘部隊である自衛隊がずっとそれを担い続けるということで、本当にいいのでしょうか。

自衛隊装備に対する批判も

自衛隊については、自衛隊を応援する方々からも応援するがあまり「自衛隊が不憫だ」といった声があがることもあります。災害救助の現場に赴いて、体育館で雑魚寝をしたり、満足にトイレもないといった状況は、私たち一般人にとってはつらいですが、軍事組織はそれに普通に耐えられる能力を持っており、そこが警察・消防との違いとなります。

一般の人にはできないことができ、いざとなれば国を守るためにそれを強いられる。だから軍事組織には敬意を払い感謝する、というのが理想的ではないかと感じます。もちろん、足らざるところが補塡されるよう声を高めてもらうことは自衛隊にとってもありがたいことだとは思いますが、むしろ軍事組織としての特性を広く理解してもらった上で応援してもらえれば、より良い方向に進む気がします。

能登半島地震では、自衛官の半長靴（戦闘靴）の性能や支給数に問題があるという指摘があり、私にも、この問題を取り上げるべきだ、とのお叱りの声が寄せられました。

現在、陸上自衛隊で採用されている半長靴は「戦闘靴2型」といいます。過酷な地形・環境を克服するためゴアテックス®を採用しており、防水透湿性を始め機能性に優れた装備品です。しかし、災害派遣での過酷な使用で靴の中が水浸しになり「塹壕足」と呼ばれる酷い状態になってしまったケースもあると伝えられています。また、災害派遣ではクギを踏んでケガをする隊員も少なくなく、こうしたことを防ぐために、自腹で他の長靴などを買っている隊員もいるといいます。

ただでさえ厳しい環境下での活動になるのに、身銭を切ってそのようなことをさせているということは、本当にあってはならないことだと思います。ただ、その原因は何なのか、なぜそのような状況が生じているのかを突き詰めることが、問題解決のために不可欠です。予算が足りないのか、あるいは予算をそこに振り向けていないのか、作りが甘いのか、注文する側が悪いのか、分析しなくてはなりません。それをしないと根本的解決につながりません。

そもそも要求性能はどうだったのかも遡って調べるべきで、2000年頃から調達が開始されたということですから開発はそれより前になり、能登半島地震の四半世紀以上前に要求されたことになります。令和3年度から戦闘靴3型に更新が開始されていますが、やはり更新が遅すぎるということも、今の自衛官のニーズと適合しない要因になっている可能性があります。

仕様を詳しく書き込めない制度

これまで述べてきたように、競争入札で価格競争となり、手袋や靴下などの品質は低下せざるを得ない背景もあります。そのため、結果的に自衛官が自腹でより良い物を買い求めるという構図になっていることも考えられます。ほとんどの自衛官はこの構図を知らないため「メーカーが良い物を作らない」と批判の矛先を防衛産業に向けています。

さらに問題は、すでにお伝えしたように、要求性能をあまり厳しくできない、ということです。くり返しになりますが仕様書に多くの条件を書くと受注できる企業が限られ、競争性を損なうという理由から、細かく書いてはならないことになっているのです。これでは満足な製品が手に入るはずがありません。この、わざわざ要求を抑制してしまうやり方は、軍事組織として百害あって一利なし（安く買えるということ以外は）だと思いますので、一刻も早く見直して頂きたいことです。

こうした事情を知らないと、なぜ満足できないアイテムがあてがわれるのか、その理由は予算不足なのか、誰が悪いのかと、様々な憶測が飛び交うことになり、その末に政権批判にたどり着き、議論を呼んでいる物品だけをとにかくたくさん調達するなどの弥縫策に陥りがちで、結局、根本的な解決に結びつかないのです。

さらに言うと、災害派遣の度に「自衛隊はこんな物も持っていないのか」といった声が出て、災害派遣に使うという理由で備品などを購入するようになりがちですが、ただでさえ国の防衛のための装備が不十分である中で、災害派遣向けの備品類を予算化することはできる限り避けるべきだと思います。災害対策に必要な装備であれば自治体が購入すべきであり、もし隊員が自ら買うようなことがあったら、それを自治体が補塡するなどの制度を作る方が妥当ではないでしょうか。

性能の問題というより運用の問題もある

ところで、足が水浸しになるのを防ぐためには「靴下を替えることだ」とは普通科（＝歩兵）の方々に共通の認識です。

ある酒席で、自衛隊のベテランカウンセラーの女性が放った一言を私はいつも思い出しています。指揮官に必要なことは？と、若い幹部自衛官に問われ「何よりもまず隊員の靴下のことを考えろ！」と。

考えてみれば、私も自衛隊について書いたり語ったりしている者ではありますが、何十キロも歩いた靴の中がどうなっているかまで思い及んではいませんでした。色々と偉そうなことを言っても、運用の奥深い世界までは分かり得ないのだと、いつも思い知らされています。シビリアンコントロールで、どんな優れた最高指揮官を戴いてもそこまではマネージメントできません。だからこそ、背広組ではなく制服組の指揮官の存在が大事になるわけです。

たとえ高性能な靴を履いても、靴下がダメになれば足はダメになります。どれだけ交換できるか、などは運用の問題であり、少なくとも靴の性能の問題ではないのです。

因みに私は、かねてより装備品について語る際によく靴下の話をするのですが、だいたい聞き流されます。防衛産業や武器輸出、装備品について、皆さんが関心を持たれるのは戦闘機などの花形装備で、靴下に関心を持つ人はほとんどいません。「靴下と戦闘機どちらが大事か」と問われれば、世の中の多くの人は迷わず戦闘機と答えることでしょう。

しかし、たかが靴下とはいえ、これは歩兵にとっての生命線です。だからこそ陸海空自衛隊の運用を知らない人が「選択と集中」などと言って優先順位を決めるという乱暴なことは、絶対にしてはならないのです。

しかし、「靴下ぐらい」輸入でもいいだろうといった風潮から、ある時期から輸入品（＝中国製）がお目見えするようになりました。競争入札の結果です。地上で戦う兵士にとって靴下が大事であること、また、その靴下もいつどんな時にどれだけ替えるかなどの運用のノウハウが重要であることを、いみじくも今回の震災は物語ってくれたような気がしています。

また、にわかに沸き上がった「半長靴問題」（と勝手に名付けましたが）も、運用の問題、そして調達制度の問題など根本的な原因に目を向けるきっかけを提供してくれているように感じます。

靴工場の女性たち

かつて、私は岩手県一関市にある半長靴の製造現場を訪問しました。製造元の会社ミドリ安全は東京都内に本社を構えていますが、多くの工場は東北に所在しています。田園風景の中にポツンと現れた小さな建物、そこが半長靴を作っている製造現場の一つでした。携帯電話を見ると「圏外」の表示、このような辺鄙な場所で軍靴が作られているのか、と感動さえ覚えながら中に入りました。そこでさらに驚いたのは、室内にいたのはエプロン姿の女性たちばかりだったことです。近隣の農家の奥さんたち30人ほどが黙々と作業にあたっている姿がそこにはありました。

ここでは、半長靴作りの最初の工程を担っています。厚い革を切って、微妙なカーブを作りながら縫い合わせる、などけっこうな力仕事です。この作業を陸上自衛官の数だけ行うのかと思うと気が遠くなりましたが、数だけでなく納期に間に合わせるためのスピードも求められるので、かなりの集中力が要求されるといいます。各パーツの切り出しから縫製、組み立てに至る、完成までの工程は一般紳士靴の作業量をはるかに上回るのだそうです。

防衛産業にはこのように、女性たちが重要作業を行う光景が多く見られます。量が少なくそのため機械化できないことや、精密な作業に日本人女性が高い能力を発揮するという理由があるようです。

ミドリ安全は「50キロ歩いても靴ずれしない靴」を長年かけて研究し、とうとう開発にこぎつけたと説明してくれました。通常はおろしたての靴は足が痛くなるものですが、「戦闘靴2型」は、すぐに快適な履き心地になるということで評判も上々で、製造現場は感動と喜びでいっぱいになったといいます。

ところが、しばらくして聞こえてきた「痛くはならないけど、ムレてくる」という声に落胆し、また新たな挑戦が始まったのだそうです。今のところ、完璧な半長靴は世界中を探しても見つからないのではないでしょうか。もし、暑さ寒さに耐えられ、水がしみ込まず、痛くならなくて、水虫にもならない、そんな夢の半長靴が開発されたなら、世界的ベストセラーになるに違いありません。

軍人が使う環境は一般人と全く異なり、数十キロの背嚢を背負って数十キロ歩く、という前提要件があるため、全ての快適性を追求することは不可能に近い、と想像されます。しかも靴のサイズは0・5センチ刻みです。S、M、Lといった大雑把な区切りではないため、15万人分の「大量生産」に見えても、実際は違う物を作っているに等しいのです。

更新が遅い理由

靴も制服と同じように量産することができず、こうした「手作り」になるため、どんなに予算を充てても、全ての隊員にいきわたるにはどうしても時間がかかってしまいます。

損耗が著しい靴などの物品は、更新の頻度を早くすれば、各人が自費を投じて輸入品を買い求める必要がなくなるかもしれませんが、これが難しいのも現実です。予算が増えても国内の製造能力が追い付かないからです。

米軍ではそれぞれが自由に使える被服のための手当が支給され、その中で自分で選んだ物を購入できるようです。靴のように、人によって足のサイズも特徴も違う物を画一化して全員を満足させるのはそもそも無理があり、官給品＋αで、お金を手当するという方法も一案かもしれません。

陸上自衛官の身に付けるものは「戦闘装着セット」と呼ばれます。文字通り、戦闘員にとっての必要性を追求してきました。倒壊した家屋やがれきの中を捜索するためでもなく、雪かきをするためでもなく、鳥インフルエンザの殺処分をするためでもありません。それが近年の災害派遣の増加で、それらを行うのに装備が適していないといって自衛隊や政府を批判することにより、ますます災害派遣向けの装備調達が行われるようになるのは、いかがなものかと思います。「ダメ出し」だけでは改善につながりませんので、真に効果的な制度整備が求められます。

後日談になりますが、令和6年5月16日の「朝雲新聞」は、能登半島地震で批判の的になった半長靴の性能について陸上幕僚監部装備計画部装備計画課需品室を取材した結果を報じています。まず「塹壕足」については、「医務室の受診記録等も調べてみたが、そういった隊員はいなかった」とし、ソールの強度についても、「機動力との兼ね合いで市販の安全靴のJIS規格よりは低くなるが、釘の踏み抜きに耐えられないとは考えにくい」としています。

実際に災害派遣に従事した隊員に対し実施したアンケート調査でも、良くない点としては中敷きが堅いことや保温性が低く冷える、などが挙げられていたものの「頑丈かつ乾きやすい」「強度が高く、釘、ガラス等が飛散した地域でも安心して作業ができる」

など強度への不安は記されておらず、むしろ好意的な評価が得られたといいます。もちろん、ここで集めきれなかった意見もあるのだろうとは思いますが、こうした意見収集を実施したことは大変意義深いと思います。

第13章　空想的防衛論議に終止符を

自衛官の生活環境がなかなか改善されない理由

現在、防衛省では自衛隊に不足しているものを埋めるべく、全力で「防衛力の抜本的強化」を進めています。５年間の防衛費を示す「防衛力整備計画」では２０２３年度から5年間の総額を43兆円程度とし、これはその前の計画から１・６倍の規模となります。中国が軍事力を急速に拡大する中、実戦を想定して弾薬などを確保するほか、敵の基地を攻撃する反撃能力の装備を整備、南西諸島への部隊展開能力を強化するのです。

最も大きな課題であり費用もかかるのは「スタンド・オフ」ミサイルでしょう。これは、侵攻してくる相手の艦艇などに対し脅威圏外から対処できるミサイルのことです。

射程が長いものは、従来の日本では禁忌でしたが、相手が射距離の長いミサイルで攻撃している中、短い攻撃手段しか持たなければ自衛官に特攻攻撃させるのを許しているようなものであるとようやく認識され、国産での開発を含め整備を急いでいます。

その他ミサイル防衛では、イージス艦が本来すべき南西防衛任務に注力できるようにすることと、多様なミサイルに対する迎撃能力を構築するため、イージス・システム搭載艦2隻の建造費用も計上されています。

加えて、英伊と共同開発する次期戦闘機の開発、陸海空自衛隊の一体的運用を図るための常設の統合司令部設置、南西諸島への物資輸送のための自衛隊海上輸送群の新設、そしてかねてより問題視されていた部品不足の解消や各設備の改善など、これまで抑制してきたものが一気に盛り込まれた内容になりました。

しかし、こうした増額もこれまで極限まで減らしてきたものを取り返すに十分かどうか分かりません。特に陸上自衛隊は、予算不足の象徴として話題になったトイレットペーパー不足（これはすでに予算上、処置済）や、夜にエアコンを止められてしまう問題、隊舎の老朽化、高速道路は使えず一般道での移動、女性隊員のためのインフラ未整備、特に女性トイレの圧倒的不足、などなど様々な現場の苦労がすでに世に知られています。

実際にこれらへの予算が付いていても、部隊への認知が追いついていない、知っていてもどこまで要求していいのか分からない（ガマンすることが当たり前だったため）、など戸惑いの空気もあるようです。因みにトイレットペーパーは演習場で不足しているなどの指摘もあるようですがすでに充足していると聞きます。

ある部隊では運搬費が増額されたことを知らずに従来通り一般道を走行していたといい、また別の部隊では初めて高速道路を使って移動してみたものの、タイヤのバーストが相次いだのだとか（慣れない高速走行のためなのか？）。

生活環境面では依然として不便な状態が解消されていないケースが多く、そうした話を聞いた人が「予算が増えたのに自衛隊は一体何をしているんだ」と怒りの声をあげ、国会で追及されることもあるのが現状です。こうした現状に、高価なミサイルに予算を使いすぎではないかなどというミサイル犯人説まで出ているようですが、環境整備はどうしても一定の時間がかかります。部隊改編の動きが進められていることもあり、インフラ整備はその計画が決まってから着手しなければならないといった事情もあるのではないでしょうか。

陸上自衛隊の営内隊舎で依然として真夏でも夜に冷房が切られるのは、そもそも駐屯地のエアコンは電気ではなくボイラーで管理されているため、ボイラー技士が増えなければ解消できない構造的問題もあります。もし、ボイラーをやめてエアコンに切り替えるなど、根本的に電力のシステムを変えるとなれば、全国に約160の駐（分）屯地があるだけに、現在の予算規模では追い付かないでしょう。

大きな組織の問題を一気に解決することは容易ではないのです。しかし、自衛官の募集が厳しい中で生活環境の改善が急がれることも事実で、時間がかかるというなら、どれくらい後になれば整備されるのか、具体的なビジョンが示される必要がありそうです。

防衛生産基盤強化法

これまで日本がいかに装備行政をおざなりにしてしまったかお分かりいただけたのではないかと思いますが、ひとすじの光明は、ここに来て新しくされた「国家安全保障戦略」において「防衛生産・技術基盤は、いわば防衛力そのもの」であると明言され、国が本気でその立て直しを図ろうとしていることです。

その大きな動きは前述した「防衛生産基盤強化法」です。この法案は2023年に自民、公明の与党、そして立憲民主、日本維新の会、国民民主の野党も賛成し可決されました。反対したのは共産党とれいわ新選組という構図でした。

同法には数々の画期的な内容が盛り込まれています。例えば、サプライチェーンの強靭化として調達先の多様化や代替部品の研究開発、備蓄にかかる費用を負担したり、製造工程の効率化として3Dプリンターや AI の導入、サイバーセキュリティ強化の経費も支援するとしています。

また、こうした新しい技術への支援だけでなく、戦車や火砲などの従来技術の維持向上のための措置としても予算を付けるということで、これはどこも取り上げていないようですが、画期的な発想ではないかと思います。

新しいものだけでなく、従来装備も盛り上げる、業界全体の発展に、モチベーションが高まるのではないでしょうか。

国有化で防衛技術を守る

どうしても撤退せざるを得ない企業があれば、国が施設を保有する事実上の「国有化」についても言及されました。

国が引き取り先を見つける作業を手助けし、その事業を受け継ぐ企業を経費面で支援します。国が土地や製造施設を買い取って、他の企業に運営を委託する形です。具体的には固定資産税や設備の維持費の負担を軽くするなどでサポートするということです。

ただ、支援の前提は「任務に不可欠な装備品」としており、この定義があいまいであると批判する声も出ています。

今回の法律で想定している製造施設の国による保有は、米国では米陸軍がオクラホマ州でストライカー装甲車などの製造施設を、米空軍がフォートワース海軍航空基地の横でF35の製造施設を保有しているなどの例があるようです。

また、できるだけ早く新たな企業に譲り渡すよう努めるとも規定されていて、物議を醸しているのは、ひとたび国有化し、何年たっても引き取り手がいなかったらどうするのかということです。防衛装備品は基本的に自衛隊という限られた買い手しかいないため、事業を引き受ける利点があるとすれば、常に安定した受注と適正利益が約束されることになろうかと思いますが、これから先、政権が代わったりあるいは安全保障環境の変化によってどうなるか分からない不安定さは否めません。つまり、一時的な予算増では経営サイドとしてはどうしても信頼に足りないのです。

それならば、輸出をしてスケールメリットが出せるようにすればいいのではないかという考えがあり、現在5つの分野に限られている輸出項目を広げようとしているのですが、輸出＝メリットという単純なものではないことはつとに説明してきたとおりで、これだけに活路を見出すことは全くできないと思います。

サイバー脅威に晒されている関連企業

2022年2月26日に日本で起きた事案は関係者にとって大きな衝撃となりました。トヨタ自動車の取引先企業である小島プレスが、不正アクセスによるサイバー攻撃を受け、同社のあらゆる活動がストップしたのです。サプライチェーンへの更なる感染を防ぐために全てのシステムを停止、全国の工場で生産が困難となり稼働停止の状態となりました。関係者の奮闘により1日で工場は再開しましたがシステムの復旧には約1か月かかったといいます。子会社あるいは孫会社を狙う手口が露わになったことで、改めて日本のサイバー防衛の脆弱性を知ることになったのです。

同様の事案は国内の医療機関でも発生しました。2021年に四国の半田病院がランサムウェアに感染し、電子カルテが使用不能になる事案が発生。システムの全面復旧に約2か月を要する事態に陥ったのです。

このように脆弱なところから狙われている実情からすれば、防衛関連の数千社に及ぶ子会社、孫会社とりわけ中小企業を攻撃から守ることが必須になります。ただ、防衛事業では、どのようなサプライチェーンが存在しているのかを防衛省が全て掌握しているわけではないため、防衛産業をサイバー攻撃から守ろう、撤退のリスクから守ろうといっても、まずはその全体像を調査することから始めなくてはなりません。

しかし、サイバー攻撃にしても撤退リスクにしても、各企業が率直に全てを政府機関に回答することは難しいのが現実です。また、ベンダー企業がプライム企業を通さずにやりとりするということは考え難いことであり完全把握は困難です。そのあたりが課題と言えます。

防衛産業の守秘義務

今回の防衛生産基盤強化法では、契約事業者に対し、防衛省から提供した装備品に関する秘密を漏洩した場合、自衛隊員と同じ罰則付き（1年以下の拘禁刑または50万円以下の罰金）の守秘義務を課すとしています。

また装備移転については、装備品の輸出を支援するために新たに基金を創設することになりました。これは画期的で、これまでのような単年度使い切りの予算ではなく「基金」なので、越年できるのは魅力です。この予算では海外向けの仕様変更については助成が可能になりそうですが、実際にはそれ以外にも様々な諸経費がかかることが考えられることから、運用の柔軟性については今後より広く検討されていいのではないかと思います。

一方、今の防衛装備移転3原則では共同開発以外はその運用指針において、救難・輸送・警戒・監視・掃海の5つの種類に限られているため、この部分をどうするかが論点となっています。また、相変らず「殺傷兵器」が論点だと大々的に報じられていて、この言葉を使っていること自体がネガティブキャンペーンになっているようにしか見えません。

こうした、料理人が持っている包丁は「道具」だけれど殺人犯が持っている包丁は「殺傷兵器」だと区別するかのような議論を大真面目にしている様はいかにも日本的で、これまでは苦笑していればよかったのですが、問題はこうした子供だましのような議論をしていて諸外国からの信頼を得られるのだろうかという点です。こんな議論をしている国を、パートナーに選びたいと思うでしょうか。

そしてこの装備移転論議はそもそもウクライナへの支援が極めて限定的にしかできなかったことに端を発するものであり、まずは、防衛生産・技術基盤維持の問題とは切り離して議論すべきだったのではないかと私は思っています。ウクライナ支援は防衛産業を助けるためではありません。

日本の装備品によって苦しんでいる国を助けられるかもしれない、また日本が危機に陥った時に助けを得るためにも、国内防衛産業の力を借りて絆を作る、という観点が見当たらないのが残念です。

とにかく、日本の防衛産業政策や装備移転について、賛成する人も反対する人もイメージ先行になっている場合が多すぎるのです。現実を知った上で議論を始めることが今の日本には最も必要な気がします。

川重・潜水艦裏金事件の背景

本書では官民の関係が健全になってもらいたいという思いを一貫して書いてきましたが、いよいよ仕上げのタイミングで大きなニュースが飛び込んできました。

海上自衛隊で潜水艦修理中に隊員が川崎重工業から物品や飲食などの供与を受けていたとして、特別防衛監察が実施されることになったというものです。これまでの拙著等で書いてきた艦艇建造については本書では触れていませんでしたが、この報道を受け、書き加えることにしました。

まず、わが国のあらゆる潜水艦の故郷は神戸である、という話をお伝えしたいと思います（読者の方にはどうでもいいことかもしれませんが）。私はこの潜水艦の「実家」とも言える三菱重工業、川崎重工業いずれの造船所にもかつて何度も足を運びました。潜水艦はこの2社が1年交代で建造しているのです。

東京では「せんすいかん」と平板で発音しますが、実家の人たちは皆、せん「す」いかんと関西のイントネーションで呼んでいて、潜水艦が喋り出すことがあれば確実に関西弁だろうなあと思ったものです。

潜水艦はどのように造られるのかというと、簡単に言えばまず船体を輪切りにした形でそれぞれ艤装作業をし、後で結合される方法です。

その輪切りの筒の中で溶接作業を行いますが、非常に狭い空間ですので、苦しい体勢で手鏡を見ながら作業をする場所もあります。冷房もない狭隘な作業現場で極めて難易度の高い作業を行っている様子には驚くばかりでした。この特殊溶接技能者は最低でも5年の育成プログラムを経て防衛省の技量資格を取得しています。認定制度は厳格で、3か月間作業に従事しなかった場合は資格が失効するといいます。

深い海中の水圧に耐える耐圧殻の中に気の遠くなるような数の電子機器、各種装置がギリギリいっぱいの高密度で詰め込まれていて、極めて限られた空間に何をどう配置するかは、運用側である乗員と技術者たちが文字通り膝詰めで検討する必要があるのです。

一歩間違えれば「死」に繋がるため互いに真剣勝負であり、妥協は許されません。また、当然のことながら潜水艦の性能はその国の防衛力をそのまま示すことにもなるため、相当な高い意識が求められる現場であり、それゆえにたとえこの2社の社員であっても、潜水艦の建造現場には特別な許可を得ない限り立ち入ることはできません。今回、一連の報道で潜水艦の現場は「アンタッチャブル」という言葉が悪い意味で使われていたようですが、それはむしろ、「当然あるべき姿」なのです。

船体が結合され、それぞれの防水区画が形成されるとその後、機器を搬入できるのは狭いハッチだけになります。「自転車の車輪よりも大きい物は先に入れないとだめです」と言うように、この段階で「あれが必要だった！」というわけにはいかないのです。

「官民の癒着」とは程遠い実態

こうした後戻りのできないプレッシャーの中で建造された潜水艦は、定期修理でまた造船所のドックに戻りその数か月の期間、乗員が造船所の宿泊施設に滞在して企業と共に作業を行うのですが、この度、明るみに出たのは、その際に乗員が金品などを受け取っていたというものです。

企業側が懇親会の飲食代を負担したり、ビール券、ゲーム機などが提供されていたというのですが、一部報道では隊員側からの要望リストがあったとも言われていますので、もし企業側に運用側からの要望には何であれ応じなくてはならないといった感覚があったのだとすれば問題です。

しかし、このことが「官民の癒着」だと非難され、過去に起きた接待問題と同等に扱われているのには違和感があります。前述したように、潜水艦は基本的に隔年で2社どちらかが受注しているのであり（予算が付かなかったことも過去にはありましたが）、乗員に賄賂を贈って便宜を図っても選定には関係なく、意味がないのです。目的はあくまで両者の関係構築のためだったと考えられます。

実はこれが発覚したのは、会社の経費を使う上で問題があったからではないかと私は想像してしまいます。昨今、企業もコンプライアンス重視で経費削減が厳しくなっています。防衛費増額で受注が増えてからも、一層厳しくなっているとも聞きます。これは当然で、増産に向けた設備投資分を回収できるのはまだまだ先のことだからです。

いずれにしても、いわゆる接待経費のような類は捻出するのが難しくなっているというのが昨今の傾向です。認められるのは「成果」で、接待の効果がない領収書は認められなくなっているのだといいます。こうした傾向を考えれば、隊員との懇親を深めるための経費は社内的にも認められ難くなっていたことはあるのかもしれません。

一方で、自衛官には領収書をもらって経費で精算するといったことは基本的にはありません。例えば、自衛隊で講師などを呼んで何らかの勉強会をしその後に会食があった場合、その代金は隊員の誰かが払ったりゲスト以外の参加者で割り勘をしていることを知らない人は多いようです。

かくいう私自身も、部隊に招いてもらい講演などをした際、隊員の誰かが食事代を負担してくれていたことを後で知り、今さらながら申し訳ない思いです。野暮な話で恐縮ですが、自衛官は、活動に必要なものさえも自腹で購入したり費用を捻出している事実があるのです。あるいはトップクラスの人も、行事に招かれ高額な会費を払ってひたすら名刺交換をして、何も口にせず退出するという光景が見られます。

運用現場の隊員が休暇中の整備作業に参加したり、自分たちの装備を確認するためにどこかの工場に出向き研修をしたい、ということになっても経費がない。そんな状況を目の前にして、企業側が負担をしたいと考えることは自然な感情だと思います。

処罰だけでは根本的解決にならない

潜水艦に乗る機会というのは普通はありませんので、内部がどうなっているかは想像し難いと思いますが、とにかく狭く、私などは空気も薄い気がして中に入ると気分的に苦しくなっていました。唯一のプライベートな場所である居住区も3段ベッドで、横になっても頭がつかえるような空間でしかないのです。初めて見た時は、朝起きあがって頭をぶつけて大ケガをするようなことはないのだろうかと心配でなりませんでした。

こうした閉塞空間で長期間の緊張した任務に就く、家族とも彼女とも連絡は取れない、それが潜水艦乗りの実態です。そして、ようやく長い航海から戻ってもそのまま休暇！というわけにいきません。入港してから船体のさびを落とし、ペンキで塗装する作業もあり、艦艇を留守にはできませんので当直もあるのです。

整備期間も造船所に「お任せ」というわけにはいかず、共に作業を行うことになります。つまり港に戻っても家に戻れるわけではない、休暇にならないのです。

「働き方改革」が叫ばれる昨今ですが、艦艇の世界でこれを進めるためには、当初から述べてきたビークルと「わが子」のように向き合うというこれまでの考え方も変えた上で、相応の予算と制度（整備時のOBの方の活用など）構築が必要になるでしょう。これは歴史と伝統への対立にもなりかねず、まだそこまでには至っていないというのが現状です。

いずれにせよ、今回のニュースを受けて「とんでもない！」「乱れすぎている」と怒っている人たちには、まずこうした実情も知った上で評価をして頂きたいですし、むしろ今回の事案を奇貨として、自衛隊の人的基盤問題の課題として隊員の生活環境向上につながる解決策を議論してもらいたいと思います。

処罰だけでは根本的な解決になりません。防衛省として考えてもらいたいと思うのは、勤務の負担をいかにするかや必要経費について自衛官の出費をなくす検討です。

川崎重工は下請け会社との架空取引で裏金をプールしていたとされ、申告漏れは6年間で十数億円にのぼり、追徴税額は約6億円になるといいます。その点は追及を余儀なくされることでしょうが、潜水艦乗員に対する支出だけでこれだけに上るというのは疑問が残ります。より詳しい調査結果が今後、出てくるのでしょう。

いずれにしても、造船所の人々と隊員が家族同様になって艦の性能向上に努めるのはむしろ大事なことだと私は思います。ただし、もしそこに自衛官上位の主従関係が無意識にも働いていたのだとしたら、それは厳に改めるべきでしょう。

「只今から出港し、国家防衛の任に就く！」

完成した艦艇が出港する際に艦長が宣言するこの言葉と、その日がどんなに悪天候でもそれを手を振って見送る造船所の人たちの姿に偽りはないはずです。この人たちが日々の平和を創出してくれていることは間違いないのです。

風雲急を告げる安全保障環境の中、防衛力の抜本的強化は「待ったなし」の状況です。今回の事案がますます両者の関係をいびつにすることなく「真の友情」に成熟することを願うばかりです。

特定秘密と特定防衛秘密

さらに衝撃が走ったのは、この神戸での事案だけではなく、他にも様々な「不祥事」が起きていたとして、防衛省・自衛隊の幹部が大量処分を受けたことです。

ここで書き加えておきたいのは「特定秘密」情報の取り扱いに関する件です。適性評価を受けていない隊員が艦艇内で秘密情報を扱う戦闘指揮所（ＣＩＣ）で勤務していたというもの。

これについてSmart FLASH（２０２４年7月17日）では海自ＯＢの見解を紹介しています。金沢工業大学ＫＩＴ虎ノ門大学院教授の伊藤俊幸元海将は今回の処分に「現場は〝腹落ち〟していないだろう」として、海自が何十年も前から「特別防衛秘密（特防）」で運用してきたことを指摘しています。

「特防は米国から供与された装備などに関する非公開情報が対象です。ＣＩＣに入れるのはその資格を持った隊員だけでした。しかし、２０１４年に状況が変わります。２０１４年に特定秘密保護法によって新たに『特定秘密』ができ、２つの申請が必要になりました。これは、外交やテロ対策も含みますが、現場からすれば、屋上屋を重ねるような感覚だったでしょう。もちろん、命じられたら従うのが自衛官」

元自衛艦隊司令官の香田洋二元海将も同様の指摘をしています。

「以前からあった米国製兵器だけを対象とするものと似たような法律の2本立てになったわけです。これを厳密にやると、業務量は2倍になる」

両者とも、徹底管理ができていなかったことに落ち度はあるとしながらも、海上自衛隊の業務量の増加を指摘しています。例えばＣＩＣの任務を10人でやるところが、半分しか有資格者がいないという状況の中でも任務を完璧に達成しなければならないといった現実があり、申請結果を待たずに任務に就いてしまったというのが実態です（この手続きの結果待ち期間は長く、半年以上かかったという話もあります）。

こうした勤務環境をどのように改善していくかの根本施策なしに「処分」が先行し、事情をよく知らない世の中の人たちは自衛隊を責める、といった構図が果たして国のためになるのだろうか、と感じます。

あとがき

本書ではわが国の防衛やこれを支える企業について、思い出すままに書いてきました。最後に、ここで論点をまとめておこうと思います。

まず装備移転（輸出）について。この話は複数の問題がごちゃまぜになっているので、「次期戦闘機に関すること」「ウクライナ支援の観点」「外交（対中）政策としてのもの」「産業政策」の4つに分別した方がいいと思います。

一つ目は次期戦闘機に関わる装備移転です。イギリス、イタリアと共同開発を進めている戦闘機について第三国への移転を認めるかどうか、自民・公明両党の協議が紛糾した案件です。

二つ目は、ウクライナ支援の観点での議論です。日本はロシアによる侵略以降、防弾チョッキやヘルメットなどを提供してきましたが、ウクライナの要望は言うまでもなく砲弾やミサイルといったものです。欧米諸国にも支援疲れが出てきており、米国も製造能力が追い付かない状況になっていることから、昨年（令和5年）末に運用指針が改定され、ライセンス国産した装備の完成品をライセンス元や、そこから第三国への移転も可能としました。

しかし、戦闘が行われている国（ウクライナ）には直接出せません。そこで、ライセンス元である米国に対し地対空誘導弾パトリオット（PAC2、PAC3）を輸出することとし、まずはこれで米国の弱った製造能力を補完することになりましたが、今後ウクライナ支援をいかにするかはまだ議論の余地があると思います。

三つ目は、外交手段として装備移転をいかに広げていくかの論点です。これは率直に言って、中国の「一帯一路」政策を意識したものだと言っていいでしょう。

装備を提供しても維持整備や訓練がなければ意味がないため、自衛隊などで続けてきた能力構築支援も併せて進める必要があります。つまり、防衛協力と外交が一体となり、関係を強化しようという取り組みです。

これについては、外国軍に対して無償で防衛装備品などを提供する取り組み「政府安全保障能力強化支援」（OSA）も始まりました。今のところ「警戒監視」「海賊対策」「国際平和協力活動」といった分野に限定されてはいますが、相手が「軍」であることから、軍と軍の一層の関係強化につながるはずです。この枠組みが拡大されることを期待します。

最後に「産業政策＝防衛産業を活性化する」という論点もありますが、ここまで繰り返し述べてきたように、これには誤解があると私は思います。

海外移転をすると、企業は儲かるどころか、むしろ大きな損失をこうむる可能性もあります。「防衛生産基盤強化法」により仕様変更に関するサポート体制ができましたが、必要経費はそれだけではないため、より柔軟な支援で企業を痛めない制度を確立する必要があると思います。そのためにも、装備移転は外交・安全保障政策そのものであり、民間による「日本の外交への協力」という認識が確実に広く知られる必要があるのです。

小野寺五典・元防衛大臣は、装備の提供によって相手国と同盟関係に値するほどの深い関係を構築できると常に強調されていますが、本当にその通りで、日本の部品やサポートが他国の装備に不可欠となれば、どんな紙の上の約束よりも手堅いものになります。友好国の輪を広げる「平和の道具」になるのです。「死の商人」になるなという反対デモもあるようですが、売る側がお客さんになる国を決めたり、相手に厳格な管理を強いる「死の商人」などいないでしょう。

因みに今、多くの関係企業は、緊迫する安全保障環境に対処するため、にわかに増産を求められています。これまで縮小という二文字しか知らなかった製造体制も突如フル稼働、新たな設備・人員を増やすなどの対応にも追われているようです。納期までに間に合わせて自衛隊に製品を使ってもらうことが最優先ですので、装備品を外交上の平和の道具として使うといった漠然とした話に関心を向ける余裕がないのが現実です。

そんな中でも「どうしたらインセンティブが生まれるのか」という観点が、装備移転政策（に限らず人的基盤政策も同様ですが）には極めて重要であり、また欠けている点ではないでしょうか。なぜ防衛産業は輸出に積極的でないのか、なぜ企業統合をしないのか、なぜ自衛隊は募集が厳しいのか……などなど色々と言われますが、その答えはいずれも「現状を変えてでも乗り出す程の妥当な動機がないから」です。

日本が目指す装備移転を実現させるかどうかは詰まるところ企業ではなく「国の本気度」にかかっています。政府が戦略的に相手国などと方針を定め、調整も行う。退官した自衛官に防衛駐在官になってもらうというのも一案かもしれません。いずれにしても、相応の予算措置がさらに必要になります。そのためにも世間への正確な周知が不可欠なのです。

また、そもそも現時点で装備移転は自衛隊の任務でも何でもありません。装備移転がいくら防衛協力に役立つと言っても、現役自衛官にとってはあまり関係ないことと認識されている可能性は否めません。装備移転の話に自衛官が難色を示す構図がある限り、防衛産業は絶対に前向きになれません。国として本当にやる気があるのであれば、任務としての関連法への明記も検討される必要があるでしょう。

日本の防衛技術を考えるにあたり、海外と比べその優位性は何かと問われれば、私はまずは「高可動率の維持」だと思っています。これは、どれだけ持っているかではなくどれだけ動くかという概念です。維持整備に対する日本企業の誠実な姿勢を見るにつけ、防衛産業というのはただ作って売るだけではない、運用者と一心同体でなくてはならないということを改めて教えられるのです。

しかし、これはこれまでの日本が平和だったからこそ可能だったのであり、現在のウクライナのように戦場においてひっきりなしの修理が必要な環境では状況が全く異なります。今、日本においても台湾有事などの蓋然性が高まっていることから、ウクライナと同じように防衛産業と軍が共に前線にいるというようなことができるのか、もし防衛産業の工場が攻撃対象になるようなことがあったらどのように対処するのか、それらを自衛隊が守ることはできるのか、といった問題が具体的に検討されていい時期になっているのではないでしょうか。

北朝鮮からのミサイル防衛のためにPAC3などが展開する際、関連企業の人たちも目立たない服を着て近くの旅館などに控えていると聞いたことがありますが、有事となった時に彼らは南西諸島にどのような方法で行くのでしょうか。ボランティアで行くのでしょうか。もし、機器にトラブルが起きたら、携帯電話で「そこのスイッチを押して下さい」などと指示することになるんだろうか、と関係者は苦笑しています。サイバー防衛が重要だとの議論は進められているものの、まずは現場の隊員と技術者がどう行動を共にするのかの問題も、法的根拠や具体的手段を含め解決しておかなくてはなりません。

防衛産業も民間企業である以上、組合などの反対によってこれを受け入れられない可能性もあります。その場合はどうするのか。実はこうしたことの方が「殺傷兵器」がどうのこうのという神学論争よりもはるかに重要な課題なのです。

本書の冒頭で心が躍動する話を書くと誓ったにもかかわらず、ほとんど残念な話ばかりになってしまいましたので、最後に輝かしい未来のためにいくつかの提案をし、締めくくりたいと思います。

まずは防衛産業の人々と自衛官との交流を促進することを提案します。何だそれは？と思われるかもしれませんが、実際、両者はかなり限られた範囲でしか接触がありません。一度も防衛産業の人と話したことがない自衛官の方がはるかに多いですし、企業の人も一部の自衛官しか知り合いがいないというのが実情です。官民で展示会を開催する（参加するのではなく）というのも妙案かと思いますし、いずれにしても何らかの機会を創出していいと思います。

私はかねてより、防衛産業は陸海空自衛隊プラスワンの「第4の自衛隊」だと捉えてきました。しかし、とにかく官民の溝がまだまだ大きいのです。そうした中で誕生した「防衛生産基盤強化法」を推進しつつ、セキュリティ・クリアランス制度の整備も急がれます。

米国防総省は、今年1月に「国家防衛産業戦略（National Defense Industry Strategy = NDIS）」

を初めて作成しました。防衛研究所研究員の清岡克吉氏によると（『米国国家防衛産業戦略』を読み解く」）、取り組むべき重点領域を「強靱性あるサプライチェーン構築」「防衛産業の人材確保」「柔軟な防衛調達」「経済抑止」とし、重点領域の第一である「強靱性あるサプライチェーン構築」の取り組みの一つには「世界的な防衛生産の拡大とサプライチェーン強靱性向上のため、同盟国やパートナーの参加の促進」があげられています。これはまさに日本の参入促進が明記されているような内容と言えるでしょう。わが国としては下請け企業に組み込まれる覚悟をしなくてはならないのか、あるいは共同開発のパートナーになれるのか、非常に気になる点ですが、それは日本側の体制作りにかかっているところが大きいのです。

同戦略の結語でも明確に述べられていましたが、これは米国内の防衛産業政策にとどまらない、同盟国間の戦略でもあります。協同して強固な防衛産業基盤を作り上げることが地域の抑止力になる。つまり、これからの日本の防衛産業は自衛隊向けというこれまでの枠組みを飛び出し、太平洋地域の安全保障を担う存在になるかもしれないという、その岐路にあるのです。

本書がその重要かつ画期的なタイミングに出版できることを喜ばしく感じます。そして、忍耐強く執筆を支えて下さった新潮新書編集部の横手大輔さんに心より御礼申し上げ、ひとまず筆を擱きます。本書を平和の道具にしてもらえますように、との祈りを込めて。

2024年8月　桜林美佐

桜林美佐　防衛問題研究家。日本大学芸術学部卒業後、アナウンサーやディレクターとしてテレビ業界で活躍。著書に『誰も語らなかったニッポンの防衛産業』『危機迫る日本の防衛産業』など。

Ⓢ新潮新書

1059

軍産複合体《ぐんさんふくごうたい》
自衛隊《じえいたい》と防衛産業《ぼうえいさんぎょう》のリアル

著者　桜林美佐《さくらばやしみさ》

2024年9月20日　発行

発行者　佐藤隆信

発行所　株式会社新潮社

〒162-8711　東京都新宿区矢来町71番地
編集部(03)3266-5430　読者係(03)3266-5111
https://www.shinchosha.co.jp

装幀　新潮社装幀室

組版　新潮社デジタル編集支援室

印刷所　株式会社光邦

製本所　株式会社大進堂

© Misa Sakurabayashi 2024, Printed in Japan

乱丁・落丁本は、ご面倒ですが
小社読者係宛お送りください。
送料小社負担にてお取替えいたします。

ISBN978-4-10-611059-7 C0231

価格はカバーに表示してあります。

Ⓢ新潮新書

945
核兵器について、本音で話そう
太田昌克　兼原信克
高見澤將林　番匠幸一郎

日本を射程に収める核ミサイルは中朝露で計数千発。核に覆われた東アジアの現実に即した国家戦略を構想せよ！　核政策に深くコミットしてきた4人の専門家によるタブーなき論議。

901
自衛隊最高幹部が語る令和の国防
岩田清文　武居智久
尾上定正　兼原信克

台湾有事は現実の懸念であり、尖閣諸島や沖縄も戦場になるかも知れない——。陸海空の自衛隊から「平成の名将」が集結、軍人の常識で語り尽くした「今そこにある危機」。

951
自衛隊最高幹部が語る台湾有事
岩田清文　武居智久
尾上定正　兼原信克

自衛隊の元最高幹部たちが、有事の形をリアルにシミュレーション。政府は、自衛隊は、そして国民は、どのような決断を迫られるのか。「戦争に直面する日本」の課題をあぶり出す。

1047
国家の総力
兼原信克
高見澤將林　編

負けない体制を構築せよ！　エネルギーと食料安保、シーレーン防衛、公共施設と通信、経済・金融への影響などの観点から、有事における国家運営の課題を霞が関の最高幹部たちが考える。

1007
ウクライナのサイバー戦争
松原実穂子

もともとは「サイバー意識低い系」だったウクライナは、どのようにして大国ロシアと互角以上に戦えるまでになったのか。サイバー専門家によるリアルタイムの戦況分析。